Spiele, Rätsel, Zahlen

T0240994

Ingo Althöfer
Roland Voigt

Spiele, Rätsel, Zahlen

Faszinierendes zu Lasker-Mühle,
Sudoku-Varianten, Havannah, EinStein
würfelt nicht, Yavalath, 3-Hirn-Schach,

...

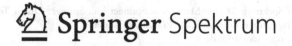 Springer Spektrum

Ingo Althöfer
Institut für Mathematik
Friedrich-Schiller-Universität Jena
Jena, Deutschland

Roland Voigt
Leipzig, Deutschland

ISBN 978-3-642-55300-4   ISBN 978-3-642-55301-1 (eBook)
DOI 10.1007/978-3-642-55301-1

Die Deutsche Nationalbibliothek verzeichnet diese Publikation in der Deutschen Nationalbibliografie; detaillierte bibliografische Daten sind im Internet über http://dnb.d-nb.de abrufbar.

Springer Spektrum
© Springer-Verlag Berlin Heidelberg 2014

Planung und Lektorat: Dr. Andreas Rüdinger, Stella Schmoll
Redaktion: Dr. Michael Zillgitt
Einbandentwurf: deblik Berlin

Gedruckt auf säurefreiem und chlorfrei gebleichtem Papier.

Springer Spektrum ist eine Marke von Springer DE. Springer DE ist Teil der Fachverlagsgruppe Springer Science+Business Media
www.springer-spektrum.de

Vorwort

Es gibt Spiele und Rätsel, die aus Sicht der Mathematik interessant sind. Dazu gehört Schach; nicht zufällig hat Ernst Zermelo, berühmt für seine grundlegenden Beiträge zur Axiomatik, als Hauptvortragender beim Internationalen Mathematik-Kongress 1912 in Cambridge über eine abstrakte Lösung des Schachspiels gesprochen, obwohl die Kollegen von ihm etwas anderes erwartet hatten.

In den letzten Jahrzehnten sind etliche tolle neue Zwei-Personen-Spiele erfunden worden. Auch im Bereich der logischen Rätsel hat es eine gewaltige Weiterentwicklung gegeben; seit dem Erscheinen der Sudokus auf dem Rätselmarkt sind Hunderte neuer − in vielen Fällen kaum bekannter, aber sehr interessanter und vielseitiger − Rätselarten erfunden worden.

Das Thema „Spiele und Computer" hat von den neuen elektronischen Möglichkeiten sehr profitiert: Computer und menschlicher Geist ergänzen sich hervorragend, wie durch das Beispiel 3-Hirn belegt.

Mit diesem Buch wollen wir die Leser zu einem Streifzug durch diese unterhaltsame Welt einladen. Dabei wollen wir sowohl Computer-Ergebnisse wie auch computerfreie Resultate − d. h. ohne Hilfsmittel nachvollziehbare Gedanken – über Spiele und Rätsel vorstellen und auf einem leicht verständlichen Level präsentieren.

Ingo Althöfer dankt Matthias Beckmann für die Erstellung vieler Grafiken und Hilfe bei LaTeX, aber auch für inhaltliche Diskussionen. Sein Dank geht an die Studenten Jörg Sameith, Konrad Kaffka, Katharina Collatz, Robert Hesse, Anne Hilbert, Michael Hartisch, Phillip Burkhardt, Patrick Wieschollek, Jonathan Schuchart und Marco Bungart, die in Projekt- und Examensarbeiten am Lehrstuhl die Forschung zu verschiedenen im Buch genannten Themen vorantrieben. Ebenso dankt er den externen Doktoranden Peter Stahlhacke und Eiko Bleicher und seinem langjährigen Weggefährten Dr. Ulrich Tamm.

Viele Informanten haben beim Thema „Unerlaubte Computerhilfe beim Schach" geholfen. Jede relevante Aussage in Kap. 14 zu Fällen, die in Deutschland passiert sind, hat sich Ingo Althöfer von mindestens zwei unabhängigen Zeugen bestätigen lassen. Danke Ihnen allen!

Der Dank von Roland Voigt geht an seinen Bruder Ulrich Voigt für das Korrekturlesen des Rätselkapitels sowie für das Testen sämtlicher logischer Rätsel in diesem Kapitel; und an Johannes Susen von der Rätselredaktion Susen für die Bereitstellung der Fotos von der Rätselweltmeisterschaft.

Unser gemeinsamer Dank geht an das Springer-Team mit Dr. Andreas Rüdinger und Stella Schmoll, sowohl für ihre Anregungen wie auch für ihre Geduld. Eine besonders erfreuliche Überraschung war, dass Herr Rüdinger sich privat intensiv mit dem Nullstellen-Kapitel befasst hat und dabei einen Spezialfall der Vermutung von Rehr bewies.

In dem von Ingo Althöfer geschriebenen Teil des Buches wird sich der eine Leser oder die andere Leserin über den intensiven Gebrauch von Bindestrichen zur Strukturierung längerer Wörter wundern. Nach der neuen deutschen Rechtschreibung ist das zulässig; der Autor hat diese Freiheit schätzen gelernt, genauso wie er es mag, dass in der englischen Schriftsprache zusammengesetzte Substantive möglichst vermieden werden.

Ergänzungs-Material zum Buch, insbesondere farbige Diagramme zur „Reise nach Jerusalem", findet sich online auf der Seite http://www.althofer.de/springer-buch.html.

Jena und Leipzig, im April 2014   Ingo Althöfer
und Roland Voigt

Einleitung

„Der Mensch ist nur da ganz Mensch, wo er spielt." So hat es Friedrich Schiller in seinen Briefen „Über die ästhetische Erziehung des Menschen" geschrieben. Dabei hatte Schiller eine sehr weit gefasste Vorstellung vom Spielen. In diesem Buch geht es „enger" zu, insbesondere kümmern wir uns nicht um das Spiel auf der Theaterbühne. Stattdessen betrachten wir Denkspiele: sowohl solche für eine einzelne Person (logische Rätsel) als auch solche für zwei Spieler, die miteinander um den Sieg wetteifern

Im ersten Hauptteil des Buches werden fünf Spiele für zwei Personen vorgestellt, und zwar in der chronologischen Reihenfolge ihrer Erfindung. Alle fünf Spiele sind sogenannte Zwei-Personen-Nullsummenspiele mit vollständiger Information. „Lasker-Mühle" ist eine verbesserte Form des uralten Mühle-Spiels mit ganz einfachen Regeln. Havannah, erfunden Ende der 1970er Jahre von Christian Freeling, ist ein geniales Strategiespiel. Sein Erfinder wollte das Interesse an Havannah mit einem Preisausschreiben wach halten und erlebte ein blaues Wunder. Clobber: Es gibt wohl kaum ein gutes Spiel mit einfacheren Regeln. „EinStein würfelt nicht" wurde aus Anlass des Albert-Einstein-Jahres 2005 kreiert. Der Name erinnert an Einsteins Bonmot „Gott würfelt nicht", gibt aber auch eine wesentliche Spielregel wieder: Wenn ein Spieler nur noch einen Stein auf dem Brett hat, muss er nicht mehr würfeln. Die Entstehungsgeschichte von Yavalath schließlich ist wirklich einzigartig. In allen fünf Kapiteln spielen Computer und Computerprogramme eine Rolle.

Logische Rätsel kann man mit etwas gutem Willen als Spiele für eine Person interpretieren. Dabei muss der Löser eine Aufgabe bewältigen, deren Regeln – das Wort „Rätsel" soll hier keine falschen Assoziationen wecken – durch streng logische Anleitungen ohne Interpretationsspielraum abgesteckt sind. Das Sudoku ist der populärste Vertreter, aber es ist bei Weitem nicht der einzige; seit der Erfindung von Sudokus sind Hunderte weitere Rätselarten kreiert worden, die den Löser vor immer neue intellektuelle Herausforderungen stellen.

In diesem Kapitel begeben wir uns auf eine Reise durch die Rätselwelt. Von den Sudokus bewegen wir uns über Lateinische Quadrate zu allgemeineren Füllrätseln (Rätseln, bei denen es darum geht, Symbole nach bestimmten Vorgaben in ein Rätselgitter einzutragen) und schließlich zu völlig anderen Rätselklassen. Dabei beschäftigen wir uns sowohl mit abstrakten mathematischen Fragestellungen im Kontext von Rätseln als auch mit Herangehensweisen zum Lösen bzw. zum Erstellen von logischen Rätseln.

Die Rätselszene ist eine wachsende internationale Gemeinschaft, deren Mitglieder eines verbindet: die Freude an der Bearbeitung logischer Rätsel. Wir berichten nicht nur über Rätsel selbst, sondern auch über deren Löser, über Rätselwettbewerbe und -meisterschaften, über die Ursprünge der Rätselszene sowie über mögliche zukünftige Entwicklungen.

Die Schachwelt hat sich seit in den letzten 30 Jahren durch die immer stärker werdenden Schachcomputer sehr geändert: der Eröffnungs-Vorbereitungs-Aufwand im modernen Leistungs-Schach, die Computerabhängigkeit im Fernschach und Betrugsversuche bei Turnieren. Ingo Althöfer selbst hat durch viele Experimente mit Mensch-Maschine-Teams nachgewiesen, dass Mensch und Computer zusammen im Schach Unglaubliches erreichen können.

Eine Sonderrolle scheint Weltmeister Magnus Carlsen zu spielen. Im Unterschied zu vielen anderen Profis versucht er, die theoretischen und computergeprüften Pfade möglichst schnell zu verlassen. Großmeister Nigel Short, selbst vor drei Jahrzehnten ein Schach-Wunderkind, packte Carlsens Ansatz in die Worte: „Give me an equal position that you have not studied with a computer and I will outplay you". (Gib mir eine ausgeglichene Position, die du nicht mit dem Computer analysiert hast, und ich werde dich an die Wand spielen.)

Während der Entstehung dieses Buches wurde der Abschnitt zu den Betrugsversuchen immer länger – nicht, weil es viele neue Fälle gab, sondern weil sich zeigte, dass sich die Schachszene mit einem elefantenartigen Gedächtnis auch Jahrzehnte nach einem Vorfall noch an den Übeltäter erinnert und diesen ächtet.

Beim 3-Hirn-Schach hat ein Mensch zwei verschiedene Computer-Programme als Helfer. In einer gegebenen Stellung berechnen beide Programme ihre (vermeintlich) besten Züge. Der Mensch wählt dann aus den Vorschlägen den auszuführenden Zug aus. Jahrelange Experimente zeigten, dass ein Amateurspieler die Leistung von zwei Programmen noch deutlich verbessern kann, auch wenn die Programme allein viel stärker sind als er. Für Ingo Althöfer entwickelte sich das sogar zum Problem: Nach dem Abschluss seiner 3-Hirn-Experimente kehrte er zum normalen Schach (als Mensch gegen Menschen) zurück und litt phasenweise unter den nicht mehr gewohnten eigenen taktischen Fehlern.

Der Mathematik-Teil stellt zwei Probleme vor, die Ingo Althöfer in aktuellen Vorlesungen mit Methoden der experimentellen Mathematik diskutiert hat (und noch diskutiert). Bei dem ersten wird das Wechselspiel zwischen den Nullstellen eines Polynoms und denen seiner Ableitung als „Reise nach Jerusalem" dargestellt. Das andere Thema ist eine zahlentheoretische Transportaufgabe, bei der nur Behälter quadratischer Größe zur Verfügung stehen. In Anlehnung an eine bekannte Schokoladen-Marke heißt der Handlungsort „Ritterspordanien".

Im Buch zeichnet Roland Voigt für den Rätselteil und Ingo Althöfer für alles Andere verantwortlich. Kennengelernt haben sich die beiden Autoren bei einem Thema, das mit Spielen oder Rätseln nur wenig zu tun hat: der Biochemie. Der Jenaer Bioinformatiker Stefan Schuster und seine Gruppe hinterfragen die spezielle Struktur gewisser Aminosäuren. Konkret geht es auch darum, warum Prolin, die als einzige Aminosäure in der belebten Natur einen planaren Seitenring hat, genau fünf Atome in diesem Ring aufweist. Schuster suchte für das, was ihm intuitiv klar war, eine mathematisch wasserdichte Begründung und stieß bei der Suche nach geeigneten Mitstreitern sowohl auf Roland Voigt wie auch auf Ingo Althöfer [Behre, Voigt, Althöfer, Schuster (2012)].

Man kann das Buch von vorn nach hinten lesen, aber auch in fast jeder anderen Kapitel-Reihenfolge. Die vier

Hauptteile sind vollständig unabhängig voneinander. Jeder wird beim Stöbern im Buch seine Lieblingsthemen identifizieren. Auf Rückmeldungen, Anregungen und Lösungen zu den offenen mathematischen Problemen sind die Autoren schon jetzt gespannt.

Inhaltsverzeichnis

Teil 1
Spiele

Teil 2
Rätsel

Teil 3
Computer beim Schachspiel

Teil 4
Mathematik mit Zahlenexperimenten

Teil 1

Spiele

Wenn zwei Leute spielen ...

Spiele für zwei Personen kann man nach verschiedenen Kriterien einordnen. Hier im Buch beschränken wir uns auf die Klasse mit folgenden Merkmalen:

- Die beiden Spieler ziehen strikt abwechselnd. Insbesondere ziehen sie nie gleichzeitig.
- In jeder Stellung gibt es nur endliche viele Züge zur Auswahl.
- Partien können nur endlich viele Züge lang sein.
- Beide Spieler haben zu jedem Zeitpunkt vollständige Informationen über den Spielstand und den bisherigen Verlauf.
- Es gibt nur drei mögliche Spielergebnisse: Sieg für Spieler 1, Unentschieden = Remis, Sieg für Spieler 2. Dabei bedeutet der Sieg des einen Spielers die Niederlage des anderen.
- Situationen mit Zufallsentscheidungen können in den Spielen vorkommen. Im Buch ist das aber nur bei einem einzigen Spiel der Fall.

Spiele aus dieser Klasse enthalten nur endlich viele Stellungen und lassen sich deshalb im Prinzip mit einer Rückwärts-Analyse vollständig durchrechnen. So kennt man dann für jede Stellung einen optimalen Zug und auch das zu erwartende Endergebnis, wenn beide Seiten optimal spielen.

Zuerst erkannt hat das Ernst Zermelo (der auch wesentliche Beiträge zur Axiomatik der Mathematik und zur

Mengenlehre lieferte), der darüber 1912 in Cambridge auf dem Internationalen Mathematiker-Kongress vortrug [Zermelo (1913)]. Zermelo selbst sagte damals vorsichtig, dass das Durchrechnen nur im Prinzip ginge und nicht mehr als ein Gedanken-Experiment sei. Doch mit dem Aufkommen der Computer wurde alles viel realer. Einige Spiele wurden komplett durchgerechnet, so zum Beispiel das Mühle-Spiel und das Dame-Spiel. Bei dem komplizierteren Schachspiel haben die Computer es immerhin geschafft, die besten menschlichen Spieler zu überflügeln.

1

Remis, Remis, Remis –
Kampf gegen eine
allgegenwärtige Seuche

Mühle, Dame und Schach sind die drei klassischen Brettspiele des Abendlands. Mühle haben schon die alten Römer
gespielt, auch die Soldaten auf ihren Feldzügen. Schach und
Dame sind seit dem Mittelalter in Europa populär.

Meist sind die Figuren der beiden Spieler in den Farben Weiß und Schwarz gehalten. Bei allen drei Spielen gibt
es auch drei verschiedene mögliche Ergebnisse: Weiß gewinnt, Schwarz gewinnt und remis. „Remis" ist der kurze
Ausdruck für „Unentschieden", was sich natürlicher an-
hört. Viele Sprachen haben ihre eigenen kurzen Wörter,
um ein Unentschieden zu beschreiben. Die Briten schreiben „draw", die Franzosen „nulle", die Spanier „tablas",
Italiener „patta", die Finnen „tasapeli", die Portugiesen
„empate" und die Schweden ganz kurz „remi".

Wenn ein Spiel mal so und mal so ausgeht, ist es schön.
Dann ist es unproblematisch, wenn das Einzel-Ergebnis hin
und wieder auch ein Remis ist. Schlimm wird es, wenn Remis der Standard ist und Siege bzw. Niederlagen ganz seltene
Ausnahmen sind. Mühle, Dame und Schach haben alle drei

I. Althöfer, R. Voigt, *Spiele, Rätsel, Zahlen*, DOI 10.1007/978-3-642-55301-1_1,
© Springer-Verlag Berlin Heidelberg 2014

auf Spitzenniveau mit dem Problem der zu vielen Remispartien zu kämpfen.

Mühle – von naiv bis knifflig

Wer die Mühle-Regeln gerade nicht im Kopf hat, findet sie z. B. bei Wikipedia. Als Kind hatte ich folgende Sieg-Strategie gelernt: Man baut eine Zwickmühle und eine offene Reservemühle. Mit der Zwickmühle nimmt man dem Gegner einen Stein nach dem anderen, bis er nur noch drei Stück hat. Dann kann er zwar springen, aber im nächsten Zug nur eine meiner Mühlen verstopfen. Die andere ziehe ich zu und bin Sieger. Sobald man gegen stärkere Gegner antritt, lässt sich dieser Plan nicht mehr realisieren. Der Regelfall ist dann entweder ein Remis oder der Verlust durch Festsetzen: Wer am Zug ist und sich nicht mehr bewegen kann, hat verloren.

Es gibt Musterbeispiele, bei denen Weiß als Anziehender schon in der Setzphase schnell einen schwarzen Stein erobert. Trotzdem – oder gerade deswegen – verliert er, weil seine Steine so in einem Klumpen stehen, dass Schwarz ihn – mit einem Stein weniger! – einmauern kann und dadurch ziemlich kurz nach dem Ende der Setzphase gewinnt. Als 16-Jähriger hatte ich Mühle in einem Sommerurlaub auf Amrum gespielt. Den Gleichaltrigen war ich mit der Festsetz-Strategie deutlich überlegen. Irgendwann sagte der Wortführer in der Clique: „So wie Du Mühle spielst, macht es keinen Spaß. Wir spielen nicht mehr mit Dir!" Mein Hinweis auf die Regeln, in denen das Festsetzen als norma-

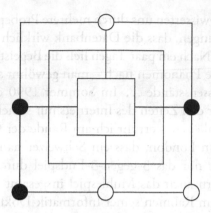

Abb. 1.1 Weiß am Zug siegt in 25 Halbzügen

le Gewinnmöglichkeit genannt ist, interessierte ihn (und damit auch die Anderen) nicht mehr.

Anfang 1990, also viele Jahre später, hatte ich meinen Mitstudenten Torsten Sillke an der Uni Bielefeld überredet, einmal das Mühle-Endspiel mit drei gegen drei, wo beide Seiten springen dürfen, mit Rückwärts-Analyse durchzurechnen.

Das Ergebnis überraschte uns sehr. Es gibt Stellungen, bei denen bei beiderseits bestem Spiel der Spieler, der am Zug ist, in 26 Zügen verliert. Abbildung 1.1 zeigt eine Stellung, in der Weiß bei bestem Spiel und bester Gegenwehr in 25 Zügen gewinnt. Was heißt „bestes Spiel"? Der Spieler, der gewinnen kann, versucht den endgültigen Sieg möglichst schnell zu erreichen. Ein Spieler, der auf Verlust steht, versucht den endgültigen Verlust möglichst lange hinaus zu zögern. Bestes Spiel in einer Remis-Stellung bedeutet, dass man einen Zug so macht, dass die Stellung danach immer noch remis ist.

Wir vergewisserten uns durch mehrere Probepartien und Beispielstellungen, dass die Datenbank wirklich richtig berechnet war. Nach ein paar Tagen ließ die Begeisterung über das entdeckte Phänomen nach – man gewöhnt sich schnell an neue Wissensstände … Im Sommer 1990 dann – das war noch vor den Zeiten des Internets mit seinen schnellen Suchmöglichkeiten – erfuhr ich am Rande der Computer-Olympiade in London, dass ein Schweizer namens Ralph Gasser nicht nur das 3-gegen-3-Endspiel durchgerechnet hatte, sondern auch das Mühlespiel insgesamt durchrechnen wollte, im Rahmen seiner Informatik-Doktorarbeit an der ETH Zürich. Knapp 9 Milliarden Stellungen gibt es im Mühlespiel. Bei der damaligen Hardware war es eine Herausforderung, diese Menge völlig durchzurechnen.

Ich nahm Kontakt zu Gasser auf und lud ihn für den Dezember 1990 für eine Woche an die Uni Bielefeld ein. Als „Lockstoff" schrieb ich in dem Kontaktbrief, dass wir das 3-gegen-3-Endspiel durchgerechnet hätten, mit dem 26er-Ergebnis. Gasser sagte zu, es wurde eine tolle Woche mit ihm.

Perlen im Endspiel mit sechs gegen vier – und eine 10 : 1-Wette

In der soeben erwähnten Woche erzählte Gasser in einem Vortrag, dass das Endspiel mit sechs gegen vier Steinen sehr spannend sei. Die Sechser-Seite kann nicht einfach eine Mühle zumachen, weil dann der Gegner auf drei Steine reduziert ist, springen darf und den Gegner typischerweise gut kontrollieren kann. Der Sechser muss also versuchen, den Vierer irgendwie einzumauern. In manchen Stellungen kann das bei beiderseits bestem Spiel mehr als 300 Halbzüge dauern, wobei es für den Sechser oft nur einen einzigen Gewinnzug gibt. Es sei also sehr schwer und für einen Menschen gegen perfekte Verteidigung kaum zu schaffen.

Mein damaliger Chef, Prof. Rudolf Ahlswede (1938–2010), glaubte das nicht. Er habe als Student in Göttingen die Mühle-Szene dominiert und würde das sicherlich hinkriegen. Gasser hatte seinen Atari-Computer dabei, und so schlug ich eine Wette vor. Ahlswede würde die Sechser-Seite bekommen und müsste eine langzügige Gewinnstellung gegen die Datenbank zum Sieg führen. Mein Quotenvorschlag: Sollte der Professor es schaffen, bekäme er von mir 100 DM. Falls nicht, müsste er mir 10 DM bezahlen. Am Ende des Vortrags wurde der Rechner gestartet, und wir legten mit einer Gewinnstellung für die Sechser-Seite los. Herr Ahlswede machte seinen ersten Zug, und das Programm teilte mit: Jetzt ist es remis. Herr Ahlswede glaubt es nicht und versuchte weitere 80 Zugpaare lang, einen Gewinn herbei zu führen – erfolglos.

Die Startstellung war aber auch ein wahres Minenfeld gewesen. Es gab 15 zulässige Züge, von denen nur genau einer den Gewinnstatus beibehielt. Nach einer Antwort des Gegners gab es wieder 15 legale Züge, von denen wieder nur einer den Gewinnstatus beibehielt. Das ging etliche Schritte so weiter. Nach seiner Resignation öffnete Herr Ahlswede direkt die Geldbörse und zahlte mich aus.

Zwei Tage später gab es im Fahrstuhl ein kleines Nachspiel. Ein Algebra-Professor, der beim Vortrag und der Wette dabei gewesen war, fragte mich: „Da war doch dieser

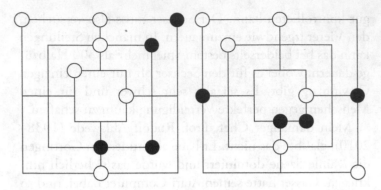

Abb. 1.2 Zwei Stellungen, in denen Weiß am Zug in 157 Halbzügen gewinnen kann

Seminar-Vortrag des ETH-Burschen mit der 10 : 1-Wette. Habe ich das richtig verstanden, dass Sie als Assistent im Verlustfall 100 Mark hätten zahlen müssen und bei dem Gewinn aber nur 10 Mark bekommen haben?" „Ja." „Komische Welt, in meinen jungen Tagen hätte der Assistent immer die bessere Quote bekommen."

Am Ende der Woche erzählte Ralph, dass auch für ihn mein Brief hilfreich gewesen sei: Es sei das erste Indiz von außen gewesen, dass seine Berechnungen zumindest für das 3-gegen-3-Endspiel richtig gewesen seien.

Abbildung 1.2 zeigt zwei Stellungen, in denen der Spieler mit sechs Steinen bei bestem Spiel in 157 Zügen gewinnt. Weitere interessante Startstellungen zum Mühle-Endspiel gibt es auf der Webseite http://www.althofer.de/springer-buch.html.

Im Sommer 1994 hatte Gasser dann Mühle als Ganzes durchgerechnet: Mühle endet, wenn beide Seiten richtig spielen, remis! Vor dem Einreichen seiner Dissertation wollte er in einem Schauwettkampf gegen Mühle-Großmeister die Unbesiegbarkeit seines Programms demonstrieren. Man muss wissen: Die Schweiz ist mit Abstand das Land der besten Mühlespieler. Es gab (und gibt in kleiner gewordenem Umfang) regelmäßig Turniere, und auch der Titel Mühle-Großmeister wurde an eine Handvoll von Koryphäen verliehen.

Gasser sah sich einem Problem gegenüber: Weil das Spiel ja bei perfekten Gegnern remis endet, konnte er nicht mit einem Sieg rechnen. Das war erst mal nicht schlimm, aber sein Datenbank-Programm (namens Bushy II) konnte in Remis-Stellungen keinen Druck aufbauen. Es spielte einfach zufällig einen der zum Remis führenden Züge. So erwartete er von dem Schaukampf ein mehr oder weniger langweiliges Gesamt-Unentschieden.

Es kam aber viel schlimmer: Am 30. September 1994 fanden sich die Mühle-Großmeister Manfred Nüscheler, Markus Schaub, Alain Flury und Adrian Wenger an der ETH ein. Zu spielen traute sich aber nur Nüscheler (übrigens 1982 zusammen mit Hans Schürmann Autor des sehr schönen, leider vergriffenen Büchleins „So gewinnt man Mühle"). Die anderen drei durften ihn informell beraten. Zehn Partien sollten ausgetragen werden, wobei jedes Mal eine als remis bekannte Startstellung nach einigen Anfangszügen vorgegeben wurde. Die ersten sieben Partien endeten wie erwartet alle remis. Das Programm machte keine Fehler, baute aber auch keinen Druck auf.

Dann verlor Bushy II Partie 8 und hinterdrein auch noch Partie 9. Gasser war geschockt und konnte sich die Niederlagen zuerst nicht erklären. Eine nachträgliche Analyse

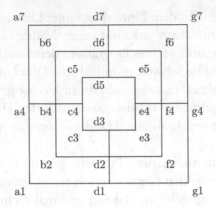

Abb. 1.3 Die Koordinaten im Mühlebrett

zeigte, dass der Computer beim Übergang von einer Teil-
datenbank zu einer anderen durcheinander gekommen war,
wohl durch einen Hardware-Defekt. Partie 10 war wieder
remis, so dass es zum Gesamtergebnis 6 : 4 für Nüscheler
kam. Danach gab es nie wieder einen öffentlichen Mühle-
Wettkampf zwischen Mensch und Computer.

Nachstehend ist die Notation der achten Partie aufgeführt. Dabei haben die Felder auf dem Mühlebrett die Koordinaten wie in Abb. 1.3. Weiß ist das Programm Bushy II,
Schwarz der Großmeister Manfred Nüscheler.

1. d2 d6 2. b4 f6 3. f4 b6xf4 4. f4 d1 Bis hierher wurde die Position eingegeben. Bushy II spielte erst ab dem
5. Zug. Diese Vorgabe-Stellung ist Remis. Sie ist aber für
Weiß schwer Remis zu halten, da in der Folge häufig nur
wenige remis-erhaltende Züge für Weiß vorliegen. **5. d5 c4
6. a1 a4 7. c3?** Das führt zum Verlust in 18 Zügen, wenn der
Gegner richtig reagiert. Das Fragezeichen deutet die Feh-

lerhaftigkeit des Zuges an. **7…g4?** Nüscheler verpasst den Gewinn, denn einziger Gewinnzug ist e4. Jetzt ist es wieder remis. **8. e5!** Bushy findet den einzigen Remiszug. **8…c5 9. d3?** Das verliert in 14 Zügen. Aber e3 oder g7 wären stattdessen remis. **9…e3** Jetzt sind alle Steine eingesetzt. Es beginnt die Ziehphase. **10. e5-e4** Besser wäre f4-f2, was den Verlust um einen weiteren Zug verzögert. **10…d6-d7** Das ist der schnellste Gewinnzug. Ab jetzt verläuft die Partie so einfach, dass sie auch ein Hobby-Spieler leicht nachvollziehen kann. **11. d5-d6 a4-a7 12. f4-f2 g4-g7xf2 13. d2-f2 g7-g4 14. d3-d2 g4-g7xd2 15. c3-d3 g7-g4 16. d3-d2 g4-g7xf2 17. e4-f4 g7-g4 18. f4-f2 g4-g7xf2 19. a1-a4 e3-d3 20. b4-b2 g7-g4 21. a4-a1 g4-g7xd6 22. a1-f2xb6 f6-d6 23. b2-c3 c5-d5xd2** Schwarz hat gewonnen.

Ende 1994 verteidigte Gasser erfolgreich seine Dissertation. Seine Datenbanken – damals noch auf Magnetbändern gespeichert – waren einige Jahre später nicht mehr wiederherstellbar. Erst Peter Stahlhacke rechnete Anfang 2000 das Mühlespiel neu durch. Er sicherte die Daten durch Verteilung: Vier Festplatten mit seiner Datenbank verschickte er an vier verschiedene Koryphäen in der Mühle-Szene. So dürften zumindest diese Daten auf längere Zeit gesichert sein.

Zu beachten ist, dass Stahlhacke sein Mühlespiel mit etwas anderen Regeln programmiert hat als Gasser. Bei Stahlhacke darf niemals ein Stein aus einer geschlossenen Mühle geschlagen werden. Bei Gasser ist das aber in dem seltenen Fall erlaubt, in dem sich alle Steine des Gegners in geschlossenen Mühlen befinden.

Lasker-Mühle

Schon Schachweltmeister Emanuel Lasker (1868–1941; Weltmeister von 1894 bis 1921) hatte in seinem Buch „Brettspiele der Völker" im Jahr 1931 auf das Remisproblem beim Mühlespiel hingewiesen und folgende einfache Regeländerung vorgeschlagen: Setz- und Ziehphase sind nicht mehr getrennt. Sobald ein Spieler mindestens einen Stein auf dem Brett hat, darf er ziehen, auch wenn noch nicht alle seine Steine eingesetzt sind. Die noch einzusetzenden Steine verfallen nicht. Außerdem hat jeder Spieler zehn Steine und nicht nur neun. Diese Variante des Mühlespiels wird nach seinem Erfinder Lasker-Mühle genannt. Es gibt circa 135 Milliarden Stellungen, also ungefähr 14 mal so viel wie bei normaler Mühle. Peter Stahlhacke hat 2002 dieses Spiel mit Rückwärts-Analyse in einem mehrmonatigen Kraftakt ganz durchgerechnet. Dabei musste er zwei mal ansetzen. Nach gut zwei Monaten war nämlich die (für damalige Verhältnisse sehr große und ganz neue) Festplatte kaputt gegangen, und alles musste von vorne berechnet werden. Diese mittlere Katastrophe hätte vermieden werden können, weil Peter schon einige Tage vor dem Crash gehört hatte, dass die Festplatte etwas andere Geräusche machte …

Lasker-Mühle ist, wie klassische Mühle, bei beiderseits bestem Spiel remis. Es gibt für die Spieler aber viel mehr Möglichkeiten, Fehler zu machen. Das kann schon im ersten Zug passieren. Abbildung 1.4 zeigt ein krasses Beispiel. [Lasker (1931)]

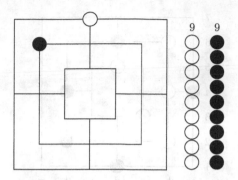

Abb. 1.4 Schwarzer Fehler zu Beginn. Weiß kann in 72 Zügen gewinnen

Klassische Mühle mit anderen Stein-Anzahlen

Man kann das Mühle-Spiel mit anderen Stein-Anzahlen spielen. Bei „Neun gegen Neun" und starken Spielern gibt es ein Remis. Bei „Zehn gegen Zehn" gibt es auch ein Remis, der Anziehende muss sich dafür aber schon anstrengen und an etlichen Stellen genau spielen – er hat nicht viel Züge zur Auswahl, die das Remis sichern. Bei „Elf gegen Elf" kann der Nachziehende einen Sieg erzwingen, er muss dafür aber sehr genau spielen. Bei „Zwölf gegen Zwölf" siegt der Nachziehende, und es ist relativ leicht für ihn. Ermittelt hat das Peter Stahlhacke mit seiner Rückwärtsanalyse-Software im Jahr 2008.

In Abb. 1.5 ist die Stellung remis bei 9-gegen-9-Mühle (zum Remis führt nur das Einsetzen auf e3 oder auf e5) und bei 11-gegen-11-Mühle (nur d7). Bei 10-vs-10 verliert

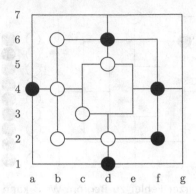

Abb. 1.5 Jeder hat schon sechs Steine eingesetzt. Weiß ist am Zug. Abhängig von der Gesamtsteinzahl ist die Stellung verschieden bewertet

Weiß (bester Zug g1 mit Verlust in 21 Zügen), ebenso bei 12-gegen-12 (alle Züge verlieren in 7 Zügen). Für die Praxis würde ich jemandem, der spannendere Mühle spielen, aber ganz nahe an den klassischen Regeln bleiben will, entweder die 10-gegen-10-Mühle empfehlen oder die mit 11 gegen 11 Steinen. In beiden Fällen sollte nach jeder Partie das Recht (oder besser die Pflicht) des Anziehenden gewechselt werden, damit Chancengleichheit besteht.

Möbius-Mühle ... ist auch ganz nah an klassischer Mühle

Abbildung 1.6 zeigt das Spielbrett für Möbius-Mühle. In Analogie zum Möbius-Band sind innerer und äußerer Ring des Mühlebretts verwoben. Das Feld g7 (was jetzt zu e7

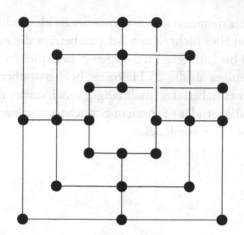

Abb. 1.6   Das Spielbrett bei der Möbius-Mühle

wird) ist also nicht mit g4 verbunden, sondern nach unten mit e4. Entsprechend ist das Feld d5 nicht mit e5 verbunden, sondern nach rechts mit g5. Man kann jetzt auf dem äußeren Ring entlang laufen, wechselt dann in den inneren und von dort nach einer Runde wieder zurück nach außen. Entstanden ist Möbius-Mühle im April 2003. Durch Zufall hatte ich von der Hochzeit von Dr. Karl und Megan Scherer erfahren, aber erst zwei Tage nach der Trauung. Karl ist in der Puzzle- und Spiele-Erfinder-Szene sehr bekannt für seine vielen fantasievollen Ideen. Ich wollte auf dem Spielbrett eine kleine freie Ecke für ein Hochzeitsfoto der beiden schaffen – und die Regeln sollten so nah an einem klassischen Spiel sein, dass sie jeder schnell begreift. Das Verweben von innerem und äußerem Mühle-Ring steht für das Verweben der Lebenswege von Karl und Megan.

Das Brett sieht nett aus. Spannender als klassische Mühle ist das Spiel aber nicht. Zum Beispiel beträgt die maximale Zuganzahl bis zum Sieg im 3-gegen-3-Endspiel 23 Halbzüge, also weniger als die 25 Halbzüge bei klassischer Mühle. Ausgerechnet haben das unabhängig voneinander der Jenaer Informatik-Student Jonathan Schuchart und der externe Doktorand Peter Stahlhacke.

2

Christian Freelings Havannah

Gute Jahre

Havannah ist ein Brettspiel für zwei Personen. Die Regeln sind wunderbar einfach, das Spiel aber hat Tiefe. Das Brett hat sechs Seiten und Felder in einer Bienenwaben-Anordnung. Die Felder werden von den beiden Spielern Weiß und Schwarz abwechselnd mit Spielsteinen in ihrer jeweiligen Farbe belegt. Gewinner ist, wer als erster entweder drei Seiten (eine „Gabel") oder zwei Ecken („Brücke") verbunden hat oder einen Ring gebildet hat. In Abb. 2.1 sind eine Gabel, eine Brücke und ein Ring gezeigt. Zu beachten sind folgende Besonderheiten:

- Die Eckfelder zählen bei ihren angrenzenden Seiten nicht mit.
- Bei einem Gabelsieg darf das Gebilde auch über Eckfelder laufen.
- Ein Ring darf auch Rand- oder Eckfelder enthalten.

I. Althöfer, R. Voigt, *Spiele, Rätsel, Zahlen*, DOI 10.1007/978-3-642-55301-1_2,
© Springer-Verlag Berlin Heidelberg 2014

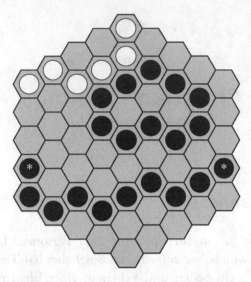

Abb. 2.1 Drei Havannah-Sieg-Strukturen: schwarze Gabel unten, weiße Brücke oben und ein schwarzer Ring

- Der Ring muss mindestens ein Innenfeld haben. Innenfelder müssen nicht leer sein.
- Alle Siege sind gleich viel wert.

Christian Freeling (Niederländer, geboren 1947) erfand Havannah in einer Adhoc-Aktion in den späten 1970er Jahren. Er hatte sich gerade über ein anderes Brettspiel mit langen und schrecklich komplizierten Regeln aufgeregt und wollte zeigen, dass es auch anders geht. Havannah kann im Prinzip unentschieden enden, wenn irgendwann das Brett voll ist und kein Spieler eine Siegkonfiguration geschafft hat. Unentschieden ist ganz selten. Selbst auf dem kleinen Brett mit

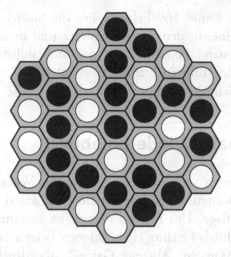

Abb. 2.2 Eine Partie mit unentschiedenem Ausgang

der Seitenlänge 4 kommen sie weniger als ein mal pro tausend Partien vor.

Abbildung 2.2 zeigt eine solche Schluss-Stellung ohne Sieger für das kleine Brett mit der Seitenlänge 4.

Auf der Webseite http://www.althofer.de/brettlager.html kann man Kopiervorlagen für Havannah-Bretter der Seitenlängen 4, 5, 6 und 7 herunterladen. Druckt man solch ein Brett aus, kann man Havannah auch ohne echte Figuren spielen, indem man die belegten Felder mit einem Stift markiert. Zum Beispiel kann der eine Spieler Kreuze eintragen und der andere Kreise. Oder die beiden benutzen Stifte mit verschiedenen Farben.

Ravensburger, in jenen Tagen der mit Abstand größte deutsche Spieleverlag, war von Freelings Idee beeindruckt und brachte Havannah heraus, mit einem Spielbrett der

Seitenlänge 8 und 169 Feldern. Für die Spieler gab es je 55 Spielsteine, in den Farben schwarz und orange. 1981 und 1982 stand Havannah auf der Auswahlliste des damals neu eingeführten Preises „Spiel des Jahres". Das Spiel verkaufte sich jahrelang prächtig.

Havannahs Wiederbelebung

Irgendwann in den 1990ern gingen die Verkaufszahlen herunter; Ravensburger stoppte die Produktion nach der vierten Auflage. Um neues Interesse an seinem Spiel zu wecken, schrieb Freeling einen offenen Brief an das internationale Magazin „Abstract Games", abgedruckt in der Herbst/Winter-Ausgabe 2002. Freeling stellte darin eine kühne Behauptung auf: *Sein Havannah sei viel zu schwer für Computer!* Innerhalb von zehn Jahren würde es kein Computer-Programm schaffen, in einem Zehn-Partien-Wettkampf auch nur einen einzigen Gewinn gegen ihn, den Erfinder, zu erzielen! Gespielt werden sollte auf dem großen Brett mit der Seitenlänge 10 (und 271 Feldern). Der erste Programmierer oder das erste Programmier-Team, das ihn widerlegen würde, bekäme 1000 Euro Preisgeld. Man konnte also auf ein Showdown in der Kategorie „Carbon (= Freeling) gegen Silizium" hoffen.

Kurz nach der Ankündigung erzählte mir Johannes Waldmann von dem Preis. Aber wir sahen keine konkreten Ansatzpunkte für ein starkes Havannah-Programm. Das Hauptproblem bestand darin, dass es keine natürlichen Bewertungsfunktionen gab (und auch heute nicht gibt), die für eine vorgelegte Spiel-Stellung die Chancen für die beiden Seiten abschätzen. Andere Programmierer hatten wohl ähnliche Havannah-Gefühle: Sechs lange Jahre passierte nichts, wirklich *gar nichts* in Bezug auf Freelings Preis.

Dann kam die Computer-Olympiade 2008 in Peking, und die Monte-Carlo-Spielbaumsuche hatte (nach Turin 2006) ihren zweiten großen Durchbruch, dieses Mal bei mehr als nur einem Spiel: In beiden *Go*-Disziplinen (9×9-Brett und 19×19-Brett) wie auch bei *Amazons* holten Monte-Carlo-Bots die Goldmedaillen. Und bei dem modernen Klassiker *Hex* gab es Silber, nur ganz knapp hinter dem klassischen Platzhirsch.

Damit war klar: Der Monte-Carlo-Ansatz ist für viele Spiele sehr gut geeignet. Ich hatte noch einen weiteren Beleg für diese Einschätzung: In Jena hatte der Informatik-Student *Jörg Günther* Ende 2007 ein starkes Monte-Carlo-Programm für das Verbindungsspiel *ConHex* entwickelt und gegen den ConHex-Erfinder *Michail Antonow* selbst erfolgreich erprobt.

Als Internet-Zuschauer der Pekinger Computer-Olympiade kam ich zu dem Schluss, dass die Zeit für einen Kickstart bei Computer-Havannah gekommen war. Ein paar Wochen nach der Olympiade half ein anderes Ereignis. Auf dem internationalen Spiele-Server *LittleGolem.net* (Malaschitz, 2002) wurde ein neues Spiel verfügbar gemacht: Christian Freelings altes Havannah! Als Glücksfall erwies sich, dass Havannah auf LittleGolem (im Folgenden oft als LG abgekürzt) auf jeder beliebigen Brettgröße zwischen 4 und 10 gespielt werden kann.

Die Abb. 2.3 und 2.4 zeigen die ersten Partien eines absoluten Havannah-Neulings auf dem kleinen 4er-Brett. Für

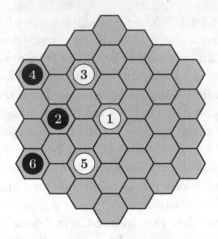

Abb. 2.3 Partie eines Neulings (weiß) gegen seinen Lehrer (schwarz)

Spielanfänger, und zwar nicht nur bei Havannah, empfehle ich folgendes Vorgehen:

(i) Gegen jemanden spielen, der mit dem Spiel schon vertraut ist.

(ii) Auf kleinen Brettern beginnen, um schnell ein Gefühl zu entwickeln.

(iii) Die ersten Kennenlern-Partien schnell spielen; es sollte nicht darum gehen, unbedingt gewinnen zu wollen.

(iv) Die ersten schnellen Partien mitschreiben und dann mit dem (erfahrenen) Gegner analysieren.

LittleGolems Havannah wurde eine ideale Gelegenheit für Programmierer (und auch für viele menschliche Havannah-Neulinge): Sie konnten auf kleinen Brettern starten, bei de-

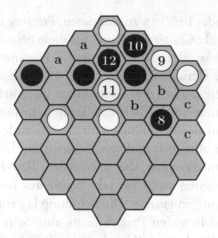

Abb. 2.4 Zweite Partie des Neulings (weiß) gegen seinen Lehrer (schwarz)

nen die Computer nicht vollkommen chancenlos gegen ordentliche menschliche Spieler waren. Fast sofort wurde LG eine Spielwiese für die ersten Havannah-Programme – und das Forum von LG auch für einen Ideenaustausch zwischen den Programmierern. Christian Freeling selbst war mittendrin mit den verschiedensten Kommentaren; und natürlich genoss er die neue Popularität für sein Spiel. Christian liebte es, die Programmierer von Zeit zu Zeit mit deftigen Bemerkungen über die (noch) unzureichende Spielstärke ihrer Bots aufzuziehen …

Ein starker Taiwanese mit dem Spitznamen „CuteCat" (übersetzt „süße Katze") demonstrierte erfolgreich eine neue Havannah-Kampftechnik, auch in Partien gegen Christian Freeling selbst: Viele mit einander verbundene Ringdrohungen sollen den Gegner daran hindern, seine eigenen Pläne für Gabeln oder Brücken zu realisieren. Freeling führte später den Begriff „*Cluster Bombing*" für diese Strategie ein.

Mirko Rahn, der stärkste deutsche Havannah-Spieler, gab folgende Einschätzung der durch LG „ausgelösten Situation": „Ich denke, die Änderungen im Spielstil durch LG betreffen hauptsächlich das Tempo: Inspiriert durch die Erfahrungen auf kleineren Brettern wurde alles viel, viel schneller. Auf einer anderen Webseite wurde Havannah schon sehr lange gespielt, aber nur auf dem 10er-Brett. Dort wurden die ersten sechs bis acht Steine aus rein strategischen Erwägungen gesetzt. Die Betonung lag auf globalem Einfluss, und in vielen Partien baute eine Seite nicht nur an eigenen Strukturen (Gabeln oder Brücken), sondern versuchte auch, alle Möglichkeiten des Gegners zu eliminieren. Verteidigung galt als spezielle Form des Angriffs. Nur selten ergaben sich auf dem Brett Strukturen für beide Seiten, bei denen am Ende der Verlierer nur einen oder zwei Züge hinter dem Sieger lag. Auf LG dagegen wurden knappe Rennen fast die Norm. Bei einer LG-Meisterschaft zwischen November 2011 und Juni 2012 entschieden bei Freeling in fünf seiner zehn Partien am Ende jeweils einzelne Tempi über Gewinn oder Verlust. Es geht darum, schnell eigene Strukturen hochzuziehen, egal was der Gegner macht. Manchmal resultiert das sogar in Partien, bei denen es gar keine Interaktion zwischen den Strukturen der beiden Spieler gibt, abgesehen von Reaktionen auf direkte Ringdrohungen".

Die bekanntesten frühen Havannah-Programmierer (zwischen 2008 und 2011) waren: Aus Deutschland Professor Johannes Waldmann aus Leipzig (mit *Ring of Fire*) und sein Student Tobias Reinhardt (mit *Deep Fork*); die

Teytaud-Brüder Olivier und Fabien aus Frankreich (bekannt aus der Computer-Go-Szene); der Routinier Richard Lorentz aus Kalifornien mit seinem *Wanderer*, Timo Ewalds aus der Edmonton-Gruppe und die beiden Holländer Johan de Koning und Richard Pijl. Nicht auf dem Schirm hatte ich anfangs die Havannah-Aktivisten aus Krakau.

In Jenas „Langer Nacht der Wissenschaften" trafen sich Ende 2009 zum ersten Mal Bots (Computer-Programme) und starke Menschen im wirklichen Leben am Havannah-Brett. Gespielt wurde auf der Brettgröße 6. Zwei starke Carbonados (*Ed van Zon* aus den Niederlanden und Mirko Rahn) boten eine gute Schau und schlugen die Leipziger Siliziumbabys überzeugend. Ein Bericht mit vielen Fotos hängt online unter http://www.althofer.de/lange-nacht-jena-2009.html.

Bei den Computer-Olympiaden 2010 in Kanasawa und 2011 in Tilburg wurde auch Havannah gespielt; jedes Mal sowohl auf einem kleinen (5er oder 6er) wie auch einem großen (8er) Brett. Beide Male siegte ganz überlegen das Programm Castro von Timo Ewalds. In seiner Masterarbeit bewies Timo übrigens auch mit vollständigem Durchrechnen, dass der anziehende Spieler bei Havannah auf dem 4er-Brett einen Gewinn erzwingen kann. Allerdings ist die Siegstrategie dafür alles andere als einfach.

Der große Preiskampf rückt näher

Nach dem Start-Optimismus im Herbst 2008 verlor sich meine Hochstimmung nach und nach. Freelings Zehn-Jahres-Plan könnte für die Programmierer zu knapp sein, die Frist würde zwei oder drei Jahre zu früh ablaufen. Andererseits hatte ich zwanzig Jahre vorher Erfahrungen im Schach zwischen Menschen und Computern gesammelt (siehe dazu das 3-Hirn-Kapitel des Buches). Bei meinen Wettkämpfen gegen verschiedene Meister und Großmeister hatte ich gelernt, dass im Turniersaal beim echten Spiel Dinge passieren, die man sich in der Analyse und bei einem abstrakten Vergleich der Spielstärken nicht vorstellt: Jeder Mensch hat hin und wieder Aussetzer; und bei einem Turnier über mehrere Tage mit etlichen Stunden Spiel pro Tag setzt irgendwann Erschöpfung ein. So hatte ich auch für den Freeling-Wettkampf Hoffnungen speziell für die letzten der zehn Partien.

Auch hat jeder Mensch im Gegensatz zu Computern psychologisch schwache Punkte, die sich vor allem unter Druck zeigen. Ich selbst habe nie ein Havannah-Programm geschrieben, wollte aber dem Computerlager auf meine Weise helfen. Das gelang durch motivierende Postings in Foren und Mailinglisten. Ein weiterer Versuch war, Mirko Rahn dazu zu bewegen, ein Eröffnungsbuch für die Bots zusammen zu stellen. Er lehnte ab mit der nachvollziehbaren Begründung, er wolle nicht als Akteur gegen den Erfinder dieses wunderschönen Spiels auftreten.

Einige der Programmierer hatten inzwischen entweder ihre Havannah-Hoffnungen begraben oder wegen anderer Verpflichtungen keine Zeit mehr für die Beschäftigung mit dem Spiel. Nur drei Programme blieben aktiv, die dann auch die Medaillen bei der Computer-Olympiade im November 2011 unter sich ausmachten: *Castro*, *Lajkonik* (aus Krakau) und *Wanderer*.

Der Preiskampf wurde für die fünf Tage ab dem 15. Oktober 2012 angesetzt. In den Monaten vorher spielten die Bots auf LG etliche Sparring-Wettkämpfe, hauptsächlich gegeneinander. Es zeigte sich, dass *Castro* die beiden anderen Programme ziemlich klar dominierte. Zum Beispiel holte er zwischen Mai und Oktober 2012 gegen *Lajkonik* auf dem großen Zehnerbrett 47 Siege bei nur 6 Niederlagen. Marcin Ciura, der Hauptkopf im *Lajkonik*-Team, lebt übrigens in Krakau und arbeitet für Google.

Im Preiskampf bekamen alle drei Programme ihre Chancen: Je viermal durften *Castro* und *Lajkonik* antreten, und zwei Mal der Westküsten-Wanderer.

Der Preiskampf

„Der Flug des Phönix" ist ein faszinierender Film: Ein Frachtflugzeug mit 15 Mann an Bord gerät über der Sahara in einen Sandsturm. Die Motoren fallen aus; bei der Notlandung geht die Maschine zu Bruch. Mehrere der Männer sterben in den nächsten Tagen. Die verbleibenden Sieben schaffen es, aus den Wrackteilen ein neues (kleineres) Flugzeug zu bauen. Der Versuch, diesen „Phönix" in die Luft zu bringen, ist die Schlüsselszene des Films. Sieben Zündpatronen sind da, um den Motor zu starten: Nur mit einer von ihnen muss es klappen. Die Patronen 1 bis 4 verpuffen ohne Erfolg.

Der alte Pilot mit all seiner Erfahrung benutzt Patrone Nr. 5, um „einfach nur" die Zylinder durchzupusten. Dabei dreht der Ingenieur, der den Bau des neuen Flugzeugs organisiert hatte, fast durch. Mit der sechsten Patrone und dem durchgepusteten Motor klappt es dann: Die Kiste kommt auf Touren, der Phönix hebt ab, Happy End.

In Analogie zu dieser Phönix-Geschichte hatten die Bots sogar zehn Chancen, um den *einen* nötigen Gewinn gegen Christian Freeling zu erzielen. Die höchste Spannung hätte sich ergeben, wenn das in Runde 9 oder 10 passiert wäre. Aber die Wirklichkeit hatte ein anderes Drehbuch. *Lajkonik* bekam die erste „Patrone", aber die Partie geriet zur Katastrophe für den Rechner: Die Kiste verlor sang- und klanglos. In Runde 2 zeigte Ciuras Baby dann ein ganz anderes Gesicht, bis in unklarer Stellung plötzlich ein Kommunikationsproblem auftrat. Keiner der beiden Kontrahenten hatte Schuld daran, so wurde die Partie annulliert und für den nächsten Vormittag neu angesetzt. Jetzt hätte Christian gewarnt sein müssen. Aber mit einer gehörigen Portion Naivität lief er *Lajkonik* bei der Wiederholungspartie am nächsten Vormittag ins Messer und fing sich die erste und schon entscheidende Niederlage ein.

Interessant zu lesen waren Freelings Kommentare in seinem Blog zum Match. Am Ende von Tag 3 schrieb er nach der sechsten Runde: „Der Stand ist Mensch 5 – Maschinen 1, also habe ich die Wette verloren. Die Partien sind sehr interessant bisher. Die Bots sind deutlich stärker geworden (mit Ausnahme von *Lajkonik* in der allerersten Partie, als es wie Version 1.3 und nicht wie 3.1 spielte). Die Rechner tragen auch zum strategischen Verständnis des Spiels bei: Ihre „Clusterbomben" geben mehr Tempo, als die meisten Spieler glauben; wenn man diese zu einem ganz frühen Zeitpunkt unterbinden will, drosselt das natürlich das Tempo beim Aufbau der eigenen Strukturen. Auch wenn die Wette schon verloren ist, werden alle zehn Partien gespielt, und ich versuche, das bestmögliche Gesamtergebnis zu erreichen. Was die Spielstärke der Rechner angeht, hatte ich mich offensichtlich getäuscht. Mein Glückwunsch an Marcin Ciura für seinen Sieg in Runde zwei!"

Nach dem Wettkampf gab Marcin eine profanere Erklärung für *Lajkoniks* ungewöhnliches Verhalten. Er schrieb mir: „Das schwache Spiel in Runde 1 war nicht beabsichtigt. Die ursprünglichen Parameter waren auf der Basis von schnellen Partien zwischen *Lajkonik* und *Castro* festgelegt worden. Sie stellten sich in Partie 1 gegen den Menschen Christian Freeling als schlecht heraus, so wählte ich für die folgenden Partien neue Werte, nur auf Basis meiner Intuition und einiger Testpositionen."

Die neuen Parameter funktionierten sehr gut. Nach den ersten Online-Glückwünschen zu seinem Sieg antwortete Marcin von Wolke Sieben: „So fühlen sich also Ruhm und Geld an." Er hatte auch schon direkt nach der ursprünglichen Partie 2, die ja abgebrochen und annulliert worden war, einem aufschlussreichen Kommentar abgegeben: „In der Abbruchstellung stand *Lajkoniks* Bewertung bei 62,3 % Gewinnchance. Vielleicht wird diese nicht beendete Partie als *das Ergebnis* des Wettkampfes in die Geschichte eingehen."

Freeling gewann an Tag 4 die Partien 7 und 8. Am Schlusstag war er sichtlich erschöpft und verlor noch je einmal gegen *Lajkonik* und *Castro*. Daraus ergibt sich das Gesamtergebnis von 7 : 3.

Christian Freeling hat das Schlusswort: „Am letzten Tag war ich schon ziemlich erschöpft. Durch einen Fingerfehler und eine Illusion verlor ich beide Partien ... Traurig. Meine Glückwünsche an Timo und Marcin!"

Stress im Botcamp

Erst einige Zeit nach dem Wettkampf bekam ich mit, dass es im Botcamp Spannungen gegeben hatte. Während der Planung gewann Richard Lorentz manchmal den Eindruck, dass die beiden Programmier-Kollegen seinen *Wanderer* eigentlich nicht dabei haben wollten, weil sie ihre Bots für stärker hielten. Auch während des Wettkampfs selbst gab es kaum Kommunikation zwischen den Programmierern.

Für Timo Ewalds muss es enttäuschend gewesen sein, dass nicht sein Favorit *Castro* den Holländer abschoss, sondern Marcins *Lajkonik*. Eigentlich war vorgesehen, dass Marcin und Timo nach dem Event zusammen einen Bericht für eine Fachzeitschrift schrieben, über die technischen Aspekte ihrer Programme. (Richard Lorentz hatte seinen *Wanderer* schon 2010 und 2011 in der akademischen Welt beschrieben.) Aber wegen des für ihn enttäuschenden Ausgangs war Timo nicht recht in der Stimmung, und Marcin traute sich den Report allein nicht zu. So sind manche Details der beiden Programme bisher nicht allgemein bekannt geworden.

3

Clobber

Der Spielname „Clobber" kommt aus dem Englischen und bedeutet „Verkloppen". Von allen mir bekannten Brettspielen hat Clobber die einfachsten Regeln. Am Anfang ist das rechteckige Spielbrett mit Steinen gefüllt, weißen Steinen von Spieler Weiß und schwarzen Steinen von Spieler Schwarz. Die beiden Spieler ziehen abwechselnd. Bei jedem Zug schlägt man eine gegnerische Figur vom Brett. Wer zuerst nicht mehr schlagen kann, hat verloren.

Die Regeln etwas genauer: Ein für Anfänger geeignetes Spielbrett ist klein und hat 5 mal 4 Felder. Zu Beginn stehen darauf abwechselnd weiße und schwarze Steine, also insgesamt 10 weiße und 10 schwarze. Abbildung 3.1 zeigt die Startstellung. Eine Figur darf nur auf ihren vier direkten Nachbarfeldern schlagen (Nord, Ost, Süd, West). Die geschlagene Figur wird vom Brett genommen, und die schlagende Figur nimmt ihren Platz ein. Eine Clobber-Partie auf diesem Brett dauert also höchstens 19 Züge, weil am Ende noch mindestens eine Figur des Siegers auf dem Brett stehen muss.

Die Abb. 3.2 zeigt eine Beispielsituation mit Schwarz am Zug. Die Pfeile zeigen alle Zugmöglichkeiten von Schwarz. Sein linker Stein kann in jeder der vier Richtungen schlagen.

I. Althöfer, R. Voigt, *Spiele, Rätsel, Zahlen*, DOI 10.1007/978-3-642-55301-1_3,
© Springer-Verlag Berlin Heidelberg 2014

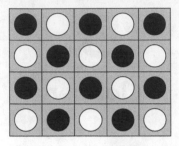

Abb. 3.1 Die Startstellung für Clobber auf dem 5 × 4-Brett

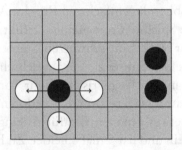

Abb. 3.2 Schwarz ist am Zug und wird gewinnen

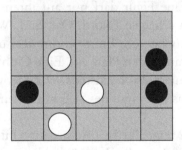

Abb. 3.3 Schluss-Stellung: Weiß ist am Zug und kann nicht mehr schlagen. Also hat Weiß verloren

Die beiden schwarzen Steine auf der rechten Seite können nicht schlagen, weil sie keine weißen Nachbarn haben.

Abbildung 3.3 zeigt die Stellung nach dem von Schwarz ausgeführten Zug. Danach ist Weiß am Zug. Weil es für ihn keine Schlagmöglichkeiten gibt, hat er die Partie verloren.

Aus dem Labor in die Öffentlichkeit

Clobber wurde im Sommer 2001 von Michael H. Albert, J. P. Grossmann und Richard Nowakowski erfunden. Die drei Mathematiker hatten über ein Spring-Solitär-Spiel nachgedacht und dabei auch an den Spielregeln herumgespielt.

Im Februar 2002 fand im Schloss Dagstuhl eine einwöchige Tagung zur algorithmischen kombinatorischen Spieltheorie statt. Als die Teilnehmer am Sonntagabend ankamen und gegessen hatten, lagen plötzlich mehrere 6 × 5-Spielbretter mit dem Schriftzug „Clobber" auf den Tischen, und jedes Mal daneben kleine Haufen weißer und schwarzer Go-Steine.

Die meisten schauten etwas ratlos, wurden aber bald von anderen eingeweiht – Grossmann und Nowakowski waren auf der Tagung dabei. Viele begannen zu spielen, ohne eine Ahnung zu haben, worin sich gute und schlechte Züge unterschieden. Am Montagabend, nach dem letzten Vortrag des Tages, wurde ein Clobber-Turnier angekündigt. Es würde jeweils abends gespielt werden, und Interessenten sollten sich in eine herumgereichte Liste eintragen. Meine direkte Frage war: „Dürfen auch Computer-Programme an dem Turnier teilnehmen?" Es entstand ein Moment des Schweigens; der Ansager verständigte sich durch Blickkontakt mit einigen Kollegen, um dann etwas zögerlich „ja" zu sagen. Man beachte: Zu dem Zeitpunkt gab es noch kein einziges Spielprogramm für Clobber.

Im Laufe der nächsten 24 Stunden passierte Erstaunliches. Zum Turnierbeginn am Dienstagabend waren drei Computer-Programme für Clobber angemeldet. Eines hatte ich selbst über Nacht unter der Oberfläche von „Zillions of Games" programmiert. Bei Zillions muss man nur die Regeln eines Spiels in einer Scriptsprache formulieren. Anschließend spielt Zillions das zugehörige Spiel ohne weiteres Vortraining „einigermaßen ordentlich". Im Fall von Clobber war Zillions direkt so stark, dass ich als Mensch keine Chance dagegen hatte. Die anderen zwei Programme stammten von Bob Hearns („Bobber") und J.P. Grossman („Deep Clobber").

Diese beiden Programme wurden erst im Laufe des Dienstagnachmittag fertig. Die Programmierer saßen im Vortragssaal in der letzten Reihe, mit ihren Laptops auf den Knien, und machten den Feinschliff am Clobber-Code, während vorne an der Tafel vorgetragen wurde.

Die spielwilligen Menschen begriffen sofort, dass die Computer für sie zu stark sein würden. So wurde in zwei Kategorien gespielt: Mensch gegen Mensch; Computer gegen Computer. Am Mittwoch abend gingen die Starter der Computerprogramme zum 6 × 6-Brett über, während die menschlichen Spieler bei 6 × 5 blieben. [Althöfer (2002)].

Kombinatorische Eigenschaften von Clobber

Im Laufe einer Clobber-Partie zerfällt die Gesamtstellung normalerweise in kleinere Gruppen, die keinen Kontakt mehr zueinander haben. In Abb. 3.4 gibt es drei Gruppen, wobei die Gruppe oben links und die untere Gruppe in der Mitte spiegelbildlich zueinander sind. Der Spieler, der in dieser Stellung am Zug ist, kann einen Sieg erzwingen: Er macht seinen ersten Zug in Gruppe 3. Danach ist diese Gruppe ohne weitere Züge, und der Spieler muss den Gegner in den beiden anderen Gruppen nur spiegeln.

Clobber ist ein ideales Beispiel für die kombinatorische Spieltheorie. Diese beschäftigt sich mit Spielen, die in unabhängige Teile zerfallen und bei denen der Spieler am Zug

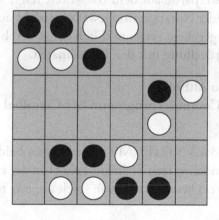

Abb. 3.4 Eine Stellung mit 3 Gruppen, davon zwei symmetrischen

in genau einem der Teile spielen muss. Verloren hat, wer am Ende nicht mehr ziehen kann. Die Mutter aller solchen Spiele ist das *Nim-Spiel*, das Charles L. Bouton 1901/02 vollständig analysiert hatte. [Bouton (1901/02)]

Die Variante Cannibal-Clobber

Die Regeln von Clobber sind so kurz und klar, dass man sich ganz leicht Varianten überlegen kann. Bei *Cannibal-Clobber* deutet schon der Name an, worin die Änderung gegenüber dem Basisspiel besteht.

Die Regeln: Es ist alles wie bei *Clobber*, aber mit einem kleinen Unterschied. Hier darf man auch eigene Steine schlagen (in der gewohnten Ost-Süd-West-Nord-Nachbarschaft).

Eine Musterpartie auf dem 6×5-Brett zeigt, was passieren kann. In der Notation sind jeweils Startfeld und Zielfeld des Zuges angegeben, getrennt durch ein „x". Abbildung 3.5 zeigt die Startstellung mit den Koordinaten.

Weiß: Ingo Althöfer,
Schwarz: Computerprogramm Mc Cannibal

1.e1xe2 2.b3xc3 3.f2xf3 Mit seinen ersten beiden Zügen hat Weiß den schwarzen Stein auf Feld f1 in der Ecke rechts unten isoliert. Diese Karteileiche spielt ab jetzt nicht mehr mit.

4.a2xb2 5.a1xb1 6.b2xb1 7.c1xc2 Jetzt ist auch auf Feld b1 ein schwarzer Isolani entstanden. Der Leser ahnt

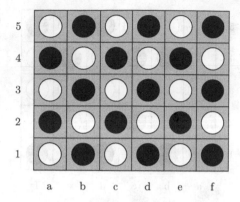

Abb. 3.5 Startstellung auf dem 6 × 5-Brett

wahrscheinlich die Basisstrategie von Weiß: Möglichst vielen schwarzen Steinen sollen alle Zugmöglichkeiten genommen werden.

8.a4xb4 9.a5xb5 10.c3xc2 11.d2xd3 Siehe Abb. 3.6. Jetzt sieht es schon nach einem klaren Vorteil für Weiß aus. Schwarz hat vier Isolani (auf b1, c2, d1, f1), Weiß aber nur einen (auf a3).

12.b4xb5 13.c5xd5 14.c4xd4 15.f4xe4 16.d4xd5 17. e5xe4 1-0 Damit ist die Partie vorbei, weil Schwarz keine Züge mehr hat. Weiß könnte noch vier weitere Züge lang eigene Steine schlagen.

Man sieht einen Vorteil von Cannibal-Clobber gegenüber dem ursprünglichen Clobber: Ein Spieler kann mit Vorsprung gewinnen (im Beispiel mit Vorsprung 4), während es bei Clobber nur Sieg oder Niederlage gibt, ohne jede Abstufung.

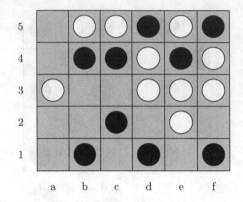

Abb. 3.6 Stellung nach Zug 11

4

EinStein würfelt nicht

„EinStein würfelt nicht" ist ein Würfelspiel für zwei Personen, bei dem man manchmal aber nicht würfeln muss. Was mit „manchmal" gemeint ist, sagt der Name des Spiels: Wer nur noch einen Spielstein auf dem Brett hat, muss nicht mehr würfeln, sondern zieht diesen Stein direkt.

Regeln

Das Spielbrett ist quadratisch und hat 5 × 5 Felder. Jeder der beiden Spieler hat sechs Steine in seiner Farbe mit den Nummern 1 bis 6. Es gibt einen normalen sechsseitigen Würfel mit den Augenzahlen 1 bis 6.

Auf dem Spielbrett sind in der Ecke links oben sechs Felder grau unterlegt. Dies sind die Startfelder der Steine von Spieler Weiß. Rechts unten sind auch sechs Felder grau unterlegt, auf denen die Steine von Spieler Schwarz starten.

Die weißen Steine dürfen nach unten, nach rechts oder schräg nach rechts unten ziehen, und zwar immer ein Feld weit. Die schwarzen Steine dürfen nach links, nach oben oder schräg nach links oben ziehen, auch jeweils ein Feld weit. Steht auf dem Zielfeld des Zuges eine andere Figur –

I. Althöfer, R. Voigt, *Spiele, Rätsel, Zahlen*, DOI 10.1007/978-3-642-55301-1_4,
© Springer-Verlag Berlin Heidelberg 2014

egal, ob vom Gegner oder eine eigene – so wird diese geschlagen und aus dem Spiel genommen.

Die beiden Spieler ziehen abwechselnd. Zu Beginn eines Zuges würfelt der Spieler. Hat er noch einen Stein mit
der gewürfelten Nummer auf dem Spielbrett, so zieht er mit
diesem Stein. Spannend wird es, wenn er eine Zahl würfelt,
zu der er keinen Stein mehr im Spiel hat. Dann muss er
mit der nächstgrößeren oder der nächstkleineren Nummer
ziehen, die er noch hat. Hier sind zwei Beispiele zur Ver-
deutlichung:

(i) Der Spieler hat noch die Steine 1, 4, 6 und würfelt eine 3. Dann muss er mit der 1 oder der 4 ziehen. Es spielt
dabei keine Rolle, dass die gewürfelte 3 näher an der 4
als an der 1 liegt.

(ii) Der Spieler hat noch die Steine 2, 3, 5 und würfelt eine 6. Dann muss er die 5 ziehen, weil er keinen Stein
mit 6 oder größer als 6 hat.

Am Beispiel in Abb. 4.1 sieht man, dass es oft gut ist, wenn
man eine Zahl würfelt, zu der man keinen Stein mehr auf
dem Brett hat! Um das zu erreichen, hat es Sinn, sich vor
allem zu Partiebeginn in gewissem Umfang auch selbst zu
schlagen.

Im Folgenden schreiben wir manchmal kurz „Ewn" oder
auch „EinStein" statt „EinStein würfelt nicht".

Abbildung 4.2 zeigt eine künstliche Startstellung, aus der
man den Wert des Selbstschlagens ableiten kann. Obwohl
Weiß nur zwei Steine auf dem Brett hat, kann er die Mehrzahl solcher Partien für sich entscheiden.

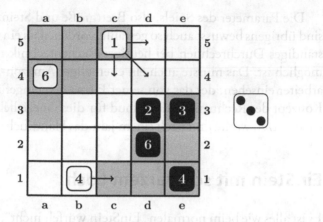

Abb. 4.1 Die Zugmöglichkeiten von Weiß bei einer gewürfelten 3

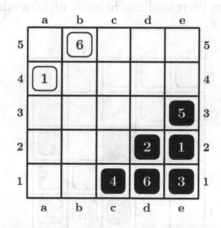

Abb. 4.2 Weiß mit zwei Steinen gegen Schwarz mit sechs Steinen. In 210.000 Computer-Partien siegt Weiß in etwa 70 % der Fälle, egal, ob Weiß oder Schwarz den ersten Zug hatte

Die Parameter des Spiels, also Brettgröße und Steinzahl, sind übrigens bewusst auch so gewählt worden, dass ein vollständiges Durchrechnen bei heutiger Rechentechnik nicht möglich ist. Das musste auch ein ehemaliger Amazon-Mitarbeiter einsehen, der das von seiner Firma neu eingeführte Konzept des Rechnens in der Cloud für diese spezielle Aufgabe nutzen wollte und nach einem Jahr das Handtuch warf.

EinStein mit schwarzem Loch

Es ist alles wie beim normalen „EinStein würfelt nicht". Nur befindet sich jetzt auf dem zentralen Feld (mit den Koordinaten c3) ein schwarzes Loch, wie in Abb. 4.3 gezeigt.

Ein Stein kann auf dieses Feld ziehen, verschwindet damit aber vom Brett und taucht auch nicht wieder auf. So

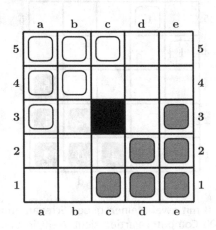

Abb. 4.3 Ewn mit schwarzem Loch im Zentralfeld

wie es beim normalen EinStein Sinn hat, sich in gewissem Umfang selbst zu schlagen, hat es in dieser Variante hin und wieder Sinn, mit einer Figur in das schwarze Loch zu springen.

Ewn quattro

Auf dem etwas größeren 6 × 6-Brett kann Ewn auch mit vier Spielern in zwei Teams gespielt werden. In einer Online-Szene hatte sich dafür der Name „Ewn quattro" eingebürgert. In Abb. 4.4 gehören Weiß (w) und Hellgrau (h) zusammen; Schwarz (s) und Dunkelgrau (d) bilden das gegneri-

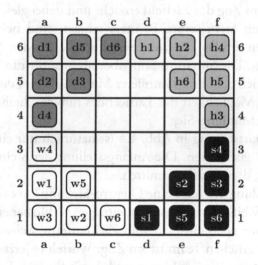

Abb. 4.4 Eine Startstellung. Weiß und Hellgrau sind Team 1, Dunkelgrau und Schwarz sind das gegnerische Team 2

sche Team. Gewürfelt und gezogen wird reihum im Uhrzeigersinn. Die Regeln entsprechen denen vom „klassischen" Ewn.

Das Team mit Weiß und Hellgrau ist Gewinner, wenn entweder eine weiße Figur auf das Feld f6 oder eine hellgraue Figur auf das Feld a1 gelangt ist. Analog ist das Schwarz-Dunkelgrau-Team Sieger, wenn entweder eine schwarze Figur nach a6 oder eine dunkelgraue Figur nach f1 gelangt ist. Figuren dürfen auf freie Felder ziehen, eigene Figuren schlagen, Figuren des Partners schlagen – und Figuren der Gegner sowieso.

Ein Team hat sofort verloren, wenn von einem der beiden Spieler alle sechs Steine geschlagen wurden. Damit kann es zu einem Widerspruch kommen: Wenn ein Spieler mit seinem Zug das Zielfeld erreicht und dabei gleichzeitig den letzten Stein seines Partners schlägt, sind beide Bedingungen erfüllt: Die zum Sieg und die für den Verlust des Teams. Die Situation zählt aber als Sieg für die Mannschaft. Nach dem Programmierer Munjong Kolss, der 2005 auf diese Möglichkeit des Partieendes hinwies, heißt solch ein Sieg „Munjong-Sieg".

Die Startstellung in Abb. 4.4 ist natürlich nur eine von vielen Möglichkeiten. Die Anfangsstellung der Steine wird ausgelost, d. h. zufällig ermittelt.

Abbildung 4.5 zeigt eine Quattro-Stellung kurz vor Partieende. Weiß steht mit seinem einzigen verbliebenen Stein (Nr. 5) nur noch ein Feld vom Ziel entfernt. Schwarz aus dem gegnerischen Team ist am Zug. Würfelt er jetzt eine 4, kann er die weiße 5 schlagen und damit für sein Team gewinnen. Bei allen anderen Zahlen muss er einen anderen

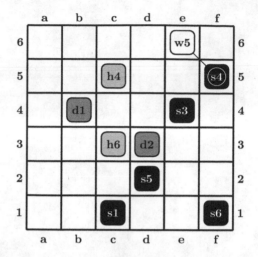

Abb. 4.5 Schwarz ist am Zug und muss zunächst würfeln. Die Linie von der schwarzen 4 zur weißen 5 zeigt den einzigen Zug, der den Sieg von Weiß verhindern kann. Ausführen darf Schwarz diesen Zug nur, wenn er eine 4 würfelt

Stein ziehen. Als nächstes wäre dann Weiß am Zug und würde direkt in sein Ziel ziehen.

5

Yavalath

Yavalath, von Cameron Browne

Wir sind hier nicht bei einem Poetry Slam, und der Titel
von Abschn. 5.1 ist auch nicht eine Ansage in der Hitparade.
Yavalath ist ein Brettspiel für zwei Personen. Erfunden hat es
der Australier *Cameron Browne*, aber eigentlich auch nicht.

In seiner Doktorarbeit (2008) hat Browne ein Programm „Ludi" entwickelt, das ausgehend von einer Menge
existierender Brettspiele mit Hilfe eines genetischen Algorithmus neue Spiele erfindet, diese nach vermutlicher
Qualität selbst sortiert und die Besten am Ende eines ta-
gelangen Rechenprozesses an den Benutzer ausgibt. Ein
wesentlicher Bestandteil von Ludi ist eine „KI" (= künstliche Intelligenz). Mit diesem Unterprogramm kann Ludi
ein (altes oder neues) Spiel, von dem nur die Regeln bekannt sind, sofort einigermaßen intelligent spielen. Liegt
ein neuer Satz R von Spielregeln vor, lässt Ludi seine KI
„von der Kette". Die KI spielt das zu R gehörige Spiel viele Male gegen sich selbst und wertet die Parameter und
Ergebnisse der Partien statistisch aus. Eine zentrale Rolle
spielen dabei durchschnittliche Partielängen, Remisquoten,

I. Althöfer, R. Voigt, *Spiele, Rätsel, Zahlen*, DOI 10.1007/978-3-642-55301-1_5,
© Springer-Verlag Berlin Heidelberg 2014

Siegquoten des Anziehenden, Vorteile durch mehr Bedenk-
bzw. Rechenzeit, späte Konter-Chancen usw.

Yavalath war das nach Bewertung von Ludi zweitbes-
te Ergebnis eines 14-tägigen Computerlaufs am Ende der
Browneschen Doktorarbeit. Übrigens hatte eine Subrouti-
ne von Ludi auch den Fantasie-Namen „Yavalath" kreiert
und diesem Spiel zugeordnet.

Die Regeln des Yavalath

Yavalath ist eine Art „4 gewinnt", aber mit einer Besonderheit. Hat einer der beiden Spieler irgendwann drei eigene
Steine in Reihe, aber noch keine vier, so hat er verloren.
Vier in Reihe dagegen gewinnt sofort, auch wenn gleichzeitig irgendwelche Dreierketten entstanden sind. Gespielt
wird Yavalath auf einem flachen Spielbrett mit Bienenwa-
benmuster, wie bei Havannah. Am Anfang ist das Brett leer.
Die Spieler Weiß und Schwarz ziehen abwechselnd. Sie setzen in jedem Zug einen eigenen Stein auf ein freies Feld.
(Die Regeln sind soweit also die gleichen wie bei Havannah.)

Die Abb. 5.1 zeigt eine kritische Stellung. Schwarz hat
zuletzt den markierten Stein gesetzt und droht, durch Setzen
auf das Feld mit dem Stern (∗) im nächsten Zug eine Viererkette zu bilden. Weiß kann das nur verhindern, indem er
selbst das Feld ∗ besetzt. Das würde aber einen weißen Dreier bedeuten, also einen Verlust. Damit ist die Partie also zu
Gunsten von Schwarz entschieden.

Sollte das Spielbrett irgendwann voll sein, ohne dass eine Dreier- oder Viererkette in einer Farbe dabei ist, ist das

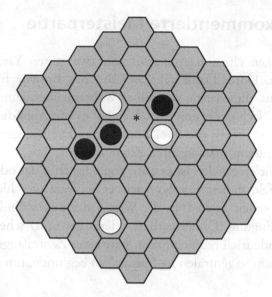

Abb. 5.1 Ende einer ganz kurzen Partie. Weiß ist am Zug und kann die schwarze Viererkette nur verhindern, indem er selbst auf * setzt und dadurch verliert

Ergebnis ein Unentschieden. Bei einer Brett-Seitenlänge ab 5 kommen solche Unentschieden nur sehr selten vor.

Für das praktische Kennenlernen dürften ein paar Partien auf der Brettgröße 4 besonders geeignet sein. Danach kann man dann zur Größe 5 wechseln, die von Ludi (und Browne) für „normales" Spiel empfohlen wird. Yavalath kann man auf ausgedruckten Brettern spielen (es sind die gleichen wie für Havannah) und die gesetzten Figuren mit einem Stift einzeichnen.

Eine kommentierte Meisterpartie

Wir zeigen einen Kampf zwischen zwei guten Yavalath-Spielern. Unser Dank geht an Cameron Browne für die Erlaubnis, diese Partie von seiner Webseite übernehmen zu dürfen. Nach der ersten Abb. 5.2 geht es von Abbildung zu Abbildung jeweils um zwei Züge weiter. Die neu gesetzten Steine erkennt man an ihren Zugnummern.

Bei vielen Spielen ist es gut, möglichst früh das oder ein Zentralfeld zu besetzen. So macht es Schwarz auch hier mit seinem ersten Stein (Nr. 2). Wegen der ungewöhnlichen Siegbedingung (Dreier verliert, Vierer gewinnt) scheint es aber tendenziell besser zu sein, statt eines Zentralzuges mit einer nicht so zentralen „4-Spange" zu beginnen, um später

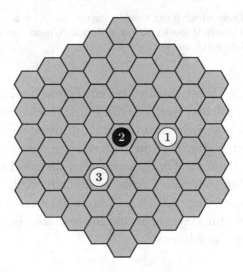

Abb. 5.2 Weiß hat nicht im Zentrum begonnen

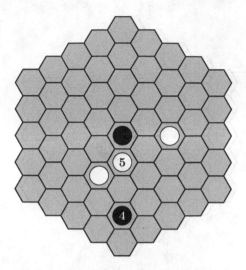

Abb. 5.3 Weiß hat eine erste konkrete Vierer-Drohung aufgestellt

den Gegner mit einem Stein innerhalb der Spange zu einer Antwort zwingen zu können. (Eine 4-Spange sind zwei Steine auf einer Linie, wobei zwischen den beiden Steinen zwei freie Felder liegen.)

Wie in Abb. 5.3 zu sehen ist, hat auch Schwarz jetzt mit Zug 4 eine 4-Spange errichtet. Mit Nr. 5 reagiert Weiß direkt und droht schon, sofort eine gewinnende Viererkette zu bauen.

Nach der Zwangsantwort von Schwarz erzeugt Nr. 7 von Weiß (siehe Abb. 5.4) sogar zwei neue 4-Spangen. Der arme Schwarze wird bald in einen Strudel von Zwangszügen geraten.

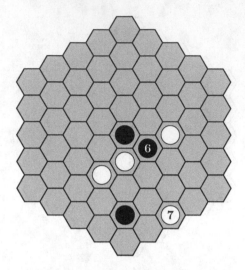

Abb. 5.4 Nr. 6 von Schwarz war erzwungen

Stein Nr. 8 wirkt wie ein schwarzer Befreiungsschlag, ist aber nur ein Strohfeuer. Natürlich muss Weiß die direkte Drohung beantworten. Aber nach Abb. 5.5 folgt eine ganze Kaskade von Zwangszügen.

Zack, zack, zack. Die Züge 10, 11 und 12 in Abb. 5.6 und Abb. 5.7 sind alle erzwungen, um gegnerische Viererketten zu verhindern. Zug 13 von Weiß ist der Killerzug.

Schwarz 14 in Abb. 5.8 ist ein letztes erfolgloses Aufbäumen. Es zwingt Weiß zu Zug 15, was wiederum Zug 16 erzwingt.

Und dann macht Zug 17 in Abb. 5.9 den Sack zu. Schwarz kann den weißen Vierer nur verhindern, indem er sich selbst mit Zug 18 einen Dreier baut.

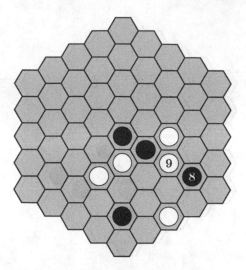

Abb. 5.5 Weiß 9 war erzwungen, um einen schwarzen Vierer zu verhindern

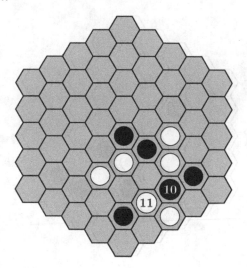

Abb. 5.6 Auch hier sind die Züge wieder zwei Zwangsentscheidungen

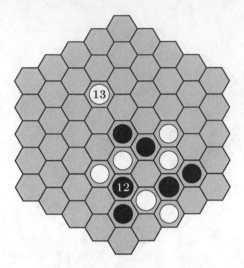

Abb. 5.7 Der unschuldig ausschauende 13er gewinnt das Spiel für Weiß

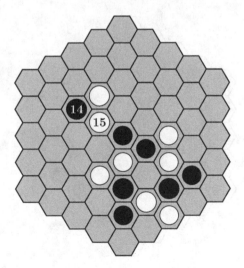

Abb. 5.8 Kurz vor dem Finale: Schwarz wird in einen Dreier getrieben

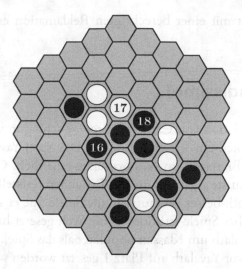

Abb. 5.9 Schwarz hat verloren, weil er mit den Steinen 16 und 18 einen Dreier produziert hat

Wer sich als Neuling mit dieser Partie oder von den Kommentaren überfordert fühlt, sollte sich keine Sorgen machen. Es ist noch kein Meister vom Himmel gefallen. In Zweifelsfall spielt man selbst erst einige Male Yavalath und schaut sich dann die Musterpartie noch einmal an. Die Partie zeigt jedenfalls einen typischen Wesenszug von Yavalath: Oft gibt es Zwangszug-Folgen. Zwischen solchen Sequenzen muss man die richtigen Weichen stellen.

Anmerkung Manchmal merken ein oder beide Spieler nicht sofort, wenn irgendwo auf dem Yavalath-Brett drei Steine in Reihe sind. Das macht nichts. Es wird einfach so lange gespielt, bis ein Spieler entweder „vier in Reihe" (bei sich) oder „drei in Reihe ohne vier" beim Gegner rekla-

miert. Erst mit einer berechtigten Reklamation endet die
Partie.

Ludi Ludissimo!

Die Dissertation von Cameron Browne schlug in verschiedenen Szenen ein wie eine Bombe. Das Spiel Yavalath ist
als echtes Brettspiel im Nestor-Verlag erhältlich. Cameron
Browne musste irgendwann mit Erstaunen feststellen, dass
sich Yavalath besser verkauft als alle Spiele, die er selbst als
menschlicher Spiele-Erfinder in die Welt gesetzt hat. Auch
wurde Yavalath um Klassen populärer als das Spiel, welches
von Ludi vor Yavalath auf Platz 1 gesetzt worden war.

Auf der seriösen Bewertungs-Seite http://www.
boardgamegeek.com hat Yavalath ein gutes Durchschnitts-
Ranking von 7,10 (aus 102 Bewertungen) auf der Skala
von 1 bis 10. Zum Vergleich: Havannah hat 7,18 (aus
125), EinStein 6,78 (aus 52), Lasker-Mühle ist nicht gelis-
tet, Clobber hat 6,31 (aus 16); bei allen Spielen war dieses
der Stand vom 12. Februar 2014.

Im Jahr 2012 gewann das Programm Ludi eine Goldme-
daille beim *Humies-Wettbewerb*, bei dem evolutionäre Programme ausgezeichnet werden, welche Aufgaben, bei denen
eigentlich klassische menschliche Intelligenz gefordert ist,
erfolgreich lösen.

Ein Problem für Spiele wie Yavalath ist die Voreinge-
nommenheit etlicher Leute in der Brettspiel-Szene: Sie
sind negativ „eingestellt", wenn ein Spiel mit Computerhilfe oder vollautomatisch vom Computer erfunden wurde.
Ein ganz anderes – und wohl größeres – Problem ist, dass

unverantwortliche Benutzer von Programmen wie Ludi den kommerziellen Markt mit Massen von (guten) neuen Spielen überschwemmen könnten. Auch deshalb hat Browne sein Spiele-Erfindungs-Programm nicht kommerziell gemacht und auch sonst nicht an dritte Personen weitergegeben.

Für meine Gruppe in Jena bedeutete die angekündigte Fertigstellung der Dissertation von Cameron Browne einen Schlag ins Kontor. 2002 hatte ich einen ersten Report zum computer-unterstützten Spiele-Erfinden geschrieben und entsprechende Systeme in den Jahren 2003 bis 2005 mit Hilfe der Studenten Thomas Rolle und Jörg Sameith praktisch umgesetzt. Die Spiele „EinStein würfelt nicht" und „Würfel-Fußball" alias „Finale" alias „Torjäger" waren die schönsten Ergebnisse und wurden kommerzielle Erfolge. Im Sommer 2007 konkretisierte sich meine Idee, die Einkünfte aus dem Spieleverkauf in die Forschung einzubringen: Das 3-Hirn-Stipendium sollte eine Promotion im Bereich Spiele-Analyse und -Programmierung unterstützen. Als ein mögliches Thema war explizit das computer-unterstützte Spiele-Erfinden genannt.

Die Ausschreibung erfolgte international; für den englischen Text hatte ich Anfang Juni 2007 Cameron Browne, den ich als Autor des Buches „Connection Games" kannte und schätzte, um Glättung gebeten. Er half bereitwillig und schnell … Monate später fragte er bei mir an, ob ich auswärtiger Gutachter bei seiner Dissertation werden könnte, es ginge darin um ein Computer-Programm (Ludi), das selbstständig Spiele erfinde.

Jakob Erdmann hatte inzwischen das 3-Hirn-Stipendium bekommen. Er wollte ein Programm schreiben, das vollautomatisch Brettspiele erfindet, und hatte sich gerade in das Thema eingearbeitet. Da erfuhr ich von Brownes abgeschlossener Arbeit. Erdmann musste sich ein neues Thema suchen: Es wurde die Frage, wie man den Grad an Zufälligkeit in einem Brettspiel definieren und messen kann.

Randbemerkung: Die Grundregel von Yavalath lässt sich auf das bekannte „Vier in Reihe" mit dem hochkant stehenden Spielgitter übertragen: Sieger ist, wer vier Steine in Reihe schafft (waagerecht, senkrecht oder diagonal). Verlierer ist, wer drei in Reihe setzt, ohne gleichzeitig vier in Reihe zu setzen.

Mancher Leser wird sich gefragt haben, welches Spiel denn von Ludi vor Yavalath auf Platz 1 gesetzt wurde. Es ist „Teiglith" – und hat in der Spieleszene keine Begeisterungswellen ausgelöst.

Teil 2

Rätsel

Teil 2

6

Allgemeines zu Logischen Rätseln

Im Jahr 1979 wurde in der amerikanischen Rätselzeitschrift *Dell Pencil Puzzles & Word Games* (Bleistifträtsel und Wortspiele) eine neuartige Knobelei veröffentlicht. Das Werk stammte von einem Mann namens Howard Garns und trug den Namen *Number Place* (Zahlenplatzierung). Es bestand aus einem quadratischen Gitter der Größe 9 × 9, welches zusätzlich in Blöcke der Größe 3 × 3 unterteilt war. In einigen Feldern des Gitters waren Ziffern vorgegeben; die Aufgabe bestand darin, in die restlichen Felder ebenfalls Ziffern einzutragen, so dass alle Zeilen, Spalten und Blöcke des Gitters jeweils genau die Ziffern von 1 bis 9 enthalten würden.

In den 80ern wurde diese Rätselart von dem japanischen Verlag *Nikoli* in die gleichnamige Rätselzeitschrift übernommen. Sie erhielt dort den Namen *Sudoku*, eine Kurzform für die japanische Umschreibung der Aufgabenstellung, die sich ungefähr mit den Worten „Die Zahlen müssen isoliert sein" übersetzen lässt. Die Kreation von Garns erfreute sich dort großer Beliebtheit, vermutlich größerer, als es in den ursprünglichen Veröffentlichungen in den USA der Fall gewesen war.

Erst 2005 erreichten Sudokus jedoch den Status internationaler Bekanntheit, den sie heute immer noch besit-

I. Althöfer, R. Voigt, *Spiele, Rätsel, Zahlen*, DOI 10.1007/978-3-642-55301-1_6,
© Springer-Verlag Berlin Heidelberg 2014

zen. Nachdem der neuseeländische Rätselfreund Wayne Gould zuvor sechs Jahre lang mit der Bereitstellung eines Programms zur automatisierten Erstellung dieser Rätsel zugebracht hatte, wurden seine Werke ab November 2004 in der *Times* in London abgedruckt. Von dem Zeitpunkt an war der Vormarsch der Sudokus nicht mehr aufzuhalten. Durch die *Times* wurden Sudokus weltweit bekannt und auch beliebt; zahllose andere Zeitungen und Zeitschriften in vielen Ländern der Welt nahmen sie in ihr Repertoire auf.

Entgegen der landläufigen Meinung sind Sudokus also keine japanische Erfindung, sondern stammen ursprünglich aus den USA; lediglich der Name wurde in Japan geprägt. Ironischerweise wird das Rätsel in Japan häufig unter dem englischen Namen *Number Place* präsentiert, denn der Name *Sudoku* ist dort eine markenrechtlich geschützte Bezeichnung. Garns erlebte übrigens die Sudoku-Mania nicht mehr; er verstarb 1989, etwa 15 Jahre vor dem Aufstieg seiner Kreation zu einem der populärsten Zeitvertreibe der Welt.

Inzwischen haben Sudokus einen festen Platz in unserem täglichen Leben eingenommen. Sie stehen praktisch nie im Vordergrund und sind dennoch allgegenwärtig. Viele Tages- und Wochenzeitungen in Deutschland veröffentlichen regelmäßig Sudokus. Die meisten Buchläden haben schon einen eigenen Bereich für Sudoku-Hefte. Bei einem Online-Versand stieß ich auf eine Tasse mit einem Sudoku. Und neulich wurde ich von Bekannten auf Sudokus aufmerksam gemacht, die auf Servietten und sogar auf Toilettenpapier aufgedruckt waren. Kurz gesagt: Sudokus findet man mittlerweile nahezu überall.

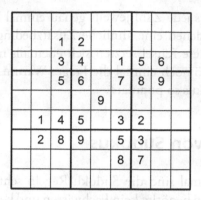

Abb. 6.1 Sudoku: Tragen Sie die Ziffern 1 bis 9 ein so, dass jede der Ziffern in jeder Zeile, jeder Spalte und jedem 3×3-Block genau einmal vorkommt

Wie kam es zu diesem phänomenalen internationalen Durchbruch einer so harmlos aussehenden Spielerei? Die Frage ist ernst gemeint. Immerhin gab es schon früher Zahlenrätsel, die mit den heutigen Sudokus stark verwandt sind. Bereits von Leonhard Euler, dem berühmten Schweizer Mathematiker aus dem achtzehnten Jahrhundert, ist bekannt, dass er sich wiederholt mit dem Problem beschäftigt hat, ein quadratisches Gitter mit Zahlen so zu füllen, dass jede verwendete Zahl in jeder Zeile und jeder Spalte des Gitters genau einmal vorkommt. Allerdings kam die Zerlegung in kleinere Gitterblöcke in seinen Überlegungen noch nicht vor.

Auch in den folgenden zwei Jahrhunderten entstanden immer wieder Knobelaufgaben ähnlicher Natur, z. B. Zahlenquadrate mit den zuvor genannten Regeln, bei denen außerdem gefordert wird, dass auch in den beiden Diagonalen des Gitters jede Zahl jeweils genau einmal einzutragen ist, oder bei denen eine ähnliche Zusatzbedingung erfüllt sein muss. Diese Rätsel setzten sich ebenfalls nicht durch. Deswegen also noch einmal die Frage: Warum sind ausgerechnet Sudokus so populär?

Der Reiz von Sudokus

Zunächst einmal sind die Sudoku-Regeln sehr leicht verständlich. Man benötigt kein Fachwissen und keine spezielle Ausbildung, um Sudokus zu verstehen. Im Prinzip muss man nicht einmal besonders gut mit Zahlen umgehen können, um Sudokus lösen zu können, obwohl man nach einem oberflächlichen Blick auf das Gitter vielleicht das Gegenteil denken mag (man kann Sudokus auch mit neun verschiedenen Buchstaben anstelle von Zahlen gestalten). Man braucht nur einen Stift und seinen gesunden Menschenverstand.

Sudokus sind aber nicht nur regeltechnisch leicht zugänglich. Auch einige der Lösungstechniken sind so elementar, dass man sie ohne jede Vorbereitung schnell erlernen kann. Sind beispielsweise in einer Zeile, einer Spalte oder einem Block acht Ziffern bereits bekannt, so erfordert es kein besonderes Training, die neunte Ziffer einzutragen. Und es gibt noch ein paar ähnlich simple Lösungsschritte, die selbst Neulinge sofort verinnerlichen.

Durch die Einfachheit ist sichergestellt, dass sich Sudoku-Anfänger schnell in diese neue Knobelei hineindenken können. Andererseits sind Sudokus jedoch hinreichend schwierig und komplex, um nicht auf absehbare Zeit langweilig zu werden. Es gibt sie in sehr stark variierenden Schwierigkeitsgraden und, nebenbei gesagt, auch in anderen Größen (z. B. 6 × 6, mit Blöcken der Größe 2 × 3).

Gemessen an der Schlichtheit der Regeln sind Sudokus erstaunlich vielseitig. Man kann Hunderte von ihnen lösen und stößt trotzdem hin und wieder auf Konstellationen, die man bis dahin nicht kannte. Dadurch werden die Rätsel nicht langweilig und stellen den Löser immer wieder vor neue Herausforderungen. Das ist ein wichtiger Faktor, denn eine Rätselart, welche nach wenigen Exemplaren ihren Reiz verloren hat, taugt nicht als Massenware. Wir werden im nächsten Kapitel noch genauer auf einfache und komplizierte Lösungstechniken bei Sudokus eingehen.

Zu guter Letzt spielt bei der Popularisierung von Sudokus zweifellos das Internet eine wesentliche Rolle. Dieser Punkt darf nicht unterschätzt werden. Rätsel, die vor mehr als 20 Jahren erfunden wurden, hatten deutlich schlechtere Chancen auf eine derart rasante Verbreitung, wie es 2005 bei Sudokus der Fall war. Wenn man heute eine neue, vergleichbare Spielerei kreiert, kann man sicher sein, dass sie durch das Internet ebenfalls schnell Bekanntheit findet. Nur ist es inzwischen so, dass Sudokus bereits da sind und dadurch eine Vormachtstellung genießen. Ein neues „Kulträtsel" auf den Markt zu bringen, ist daher eine schwierige, vielleicht unmögliche Angelegenheit.

All die genannten Faktoren haben bei der Popularisierung von Sudokus mitgewirkt. Zusammengefasst: Sie sind leicht verständlich und zugänglich, aber ausreichend vielseitig, um nicht schnell langweilig zu werden. Und ihnen standen im Gegensatz zu früheren Schöpfungen auf dem gleichen Gebiet die geeigneten Medien zur Verfügung, die zu einer schnellen Verbreitung führten.

Die Welt logischer Rätsel

Sudokus gehören zu einer größeren Familie von geistigen Herausforderungen, die sich unter der Bezeichnung „Rätsel", genauer gesagt „logische Rätsel", zusammenfassen lassen. An dieser Stelle ist eine Begriffsklärung angebracht. Denn die meisten Menschen denken bei Rätseln an Kreuzworträtsel, die hierzulande immer noch häufigste Gattung, welche in so mancherlei Hinsicht sehr verschieden von den Sudokus ist.

Grundsätzlich wird das Wort „Rätsel" in der deutschen Sprache extrem vielseitig verwendet. Schlägt man in einer Zeitung oder Zeitschrift die Rätselseite auf, so stößt man unter Umständen auf eine Vielzahl völlig unterschiedlicher Aufgaben, von Sudokus über die bereits erwähnten Kreuzworträtsel bis zu Bilderrätseln („Finden Sie die fünf Unterschiede") oder sonstigen geistigen Spielereien. Im Volksmund wird eine Trickfrage wie „Was geht morgens auf vier, mittags auf zwei und abends auf drei Beinen?" ebenfalls als Rätsel bezeichnet.

Angesichts der Vielfalt von Aufgabenstellungen, die im Deutschen mit demselben Wort umschrieben werden, ist vielleicht eine grobe Klassifizierung angebracht. Es gibt Wissensrätsel, die vom Löser ein allgemeines oder fachspezifisches Wissen voraussetzen; Kreuzworträtsel fallen unter diese Kategorie. Es gibt Wahrnehmungsrätsel wie beispielsweise die im vorigen Absatz genannten Bilderrätsel, welche eine sorgfältige Beobachtungsgabe voraussetzen. Es gibt Trickrätsel, die oft auf einer Scherzfrage wie der obigen basieren. Es gibt Rätsel, bei denen der Löser erst herausfinden muss, was zu tun ist; Geheimschriften, deren Schlüssel nicht vorgegeben ist, würden darunter fallen. Vermutlich gibt es noch eine Reihe weiterer Rätselarten. Und es gibt logische Rätsel.

Wir wollen als logische Rätsel solche Rätsel bezeichnen, die klar und präzise formulierte Regeln besitzen, welche vom Löser lediglich ein grundsätzliches logisches Verständnis und, unter Umständen, elementare arithmetische oder geometrische Kenntnisse fordern. Logische Rätsel sollen keinen Spielraum für subjektive Interpretationen bieten; eine Lösung muss objektiv und ohne weitere Vorkenntnisse auf ihre Korrektheit prüfbar sein.

Sudokus fallen ohne jeden Zweifel in diese Kategorie. Die Schwierigkeit bei der Herleitung der Lösung darf kein Kriterium sein; auch ein extrem schweres Sudoku ist immer noch ein logisches Rätsel. Auf den nächsten Seiten sehen wir zwei weitere typische Vertreter aus dem Reich logischer Rätsel.

Ein wesentliches Kriterium für logische Rätsel ist Sprachneutralität. Dieser Punkt ist insbesondere relevant, wenn man Worträtsel ins Gespräch bringt. Klassische Kreuzworträtsel haben sowohl einen Sprach- als auch einen Wissensfaktor, weshalb sie nicht zu den logischen Rätseln gehören können. Darüber hinaus gibt es unter anderem Rätsel, welche auf dem Brettspiel *Scrabble* basieren; damit diese zu den logischen Rätseln gezählt werden können, müssen sie sprachneutral angepasst werden. Das kann zum Beispiel durch eine explizite Vorgabe der zulässigen Wörter geschehen. Alternativ ist es möglich, Ziffern anstelle von Buchstaben zu verwenden und die Rätsel zu Kreuzzahlrätseln umzugestalten. Dies führte zur Erfindung des Spiels *Primble*, bei welchem die Spieler Primzahlen anstelle von Wörtern auf ein entsprechendes Spielbrett legen müssen. Zwar erfordert das beachtliche arithmetische Fähigkeiten, der Sprachfaktor ist damit jedoch vollkommen eliminiert.

Übrigens ist der englische Sprachgebrauch in Hinblick auf eine Rätselklassifikation wesentlich übersichtlicher. In einem Wörterbuch bin ich bei einem spontanen Test auf nicht weniger als acht verschiedene Übersetzungen gestoßen, welche häufig, wenn auch nicht hundertprozentig konsistent, für verschiedene der genannten Rätselfamilien verwendet werden. Für logische Rätsel wird oft das Wort *puzzle* benutzt, für Trickfragen das Wort *riddle*, und für Rätsel ohne sofort erkennbare Anleitung das Wort *mystery* oder *enigma*. Ganz nebenbei sollte man darauf achten, dass das Wort „Puzzle", wenn es im Deutschen gebraucht wird, auch etwas anderes bedeutet, nämlich ein zerstückeltes Bilderrätsel; ein solches wird mit *jigsaw puzzle* übersetzt.

In Abb. 6.2 und Abb. 6.3 sehen wir zwei weitere Knobeleien, die zu den logischen Rätseln zu zählen sind. Das *Sikaku* (gelegentlich auch *Shikaku*; zahlreiche Rätsel haben japanische Namen, weil sie dort verbreiteter sind) ist ein Rätseltyp, der ebenfalls regelmäßig von *Nikoli* gezeigt wird. Im Gegensatz zu Sudokus besteht die Aufgabe hier nicht darin, Ziffern in ein vorgegebenes Gitter einzutragen; das Ziel ist es vielmehr, eine Zerlegung des Gitters in kleinere Regionen mit bestimmten Eigenschaften zu finden.

Doppelsterne fallen wieder eine andere Kategorie; bei diesem Rätseltyp geht es darum, einzelne Objekte – konkret

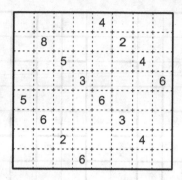

Abb. 6.2 Sikaku: Zerlegen Sie das Gitter entlang der gestrichelten Linien in rechteckige Teilgebiete, so dass jedes Gebiet eine Zahl enthält, welche genau den Flächeninhalt des jeweiligen Gebiets angibt

Schwarzfelder – im Gitter zu platzieren. Der Name des Rätsels ist dem Umstand geschuldet, dass die verbreitete Notation beim Lösen darin besteht, die gesuchten Felder nicht schwarz auszumalen, sondern durch das Einzeichnen eines Sterns zu markieren.

Auf Englisch werden Doppelsternrätsel übrigens *Star Battle* genannt. Diese Rätselart wurde erstmals 2003 vorgestellt; unter anderem kam in jenem Jahr ein Exemplar im Finale der Rätselweltmeisterschaft vor, und die beiden Finalisten mussten das Rätsel direkt gegeneinander auf Zeit lösen. Möglicherweise war diese Situation, der Kampf der „Rätselstars", ausschlaggebend für die originale Bezeichnung.

Für beide Rätselarten (Sikaku und Doppelstern) sind die Ursprünge nicht ganz so genau bekannt wie für Sudokus. Das ist in der Welt logischer Rätsel nicht selten der Fall.

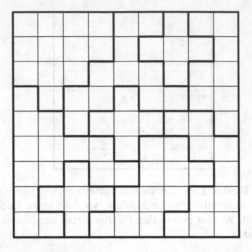

Abb. 6.3 Doppelstern: Färben Sie einige Felder schwarz, so dass jede Zeile, jede Spalte und jedes fett umrandete Gebiet genau zwei Schwarzfelder enthält. Schwarze Felder dürfen einander nicht waagerecht, senkrecht oder diagonal berühren

Wenn ein Rätseltyp neu geschaffen wird, kann es durchaus sein, dass er lange Zeit kaum Beachtung findet und nahezu unbemerkt sein Dasein fristet. Unter Umständen können Jahre vergehen, bis eine frühere Kreation wieder aufgegriffen wird und ins Rampenlicht rückt.

Übrigens basieren bei Weitem nicht alle logischen Rätsel auf quadratischen Rätselgittern. Wir werden auf eine breitere Klassifizierung in einem späteren Kapitel zurückkommen.

Rätselmeisterschaften

Logische Rätsel zeichnen sich gegenüber den meisten anderen Rätselarten insofern aus, dass alle Löser kultur- und vorwissensunabhängig gewissermaßen mit den gleichen Voraussetzungen an sie herangehen. Denn, diesen Punkt hatten wir weiter vorn festgehalten, für Logikrätsel werden kein Allgemein- und kein Fachwissen, keine sprachlichen oder kulturellen Kenntnisse benötigt. Dadurch sind die Leistungen aller Löser objektiv vergleichbar, was bei anderen Rätseln, z. B. Kreuzworträtseln, nicht der Fall wäre – besonders wenn man in einem internationalen Rahmen denkt.

Wenn man den Gedanken weiter verfolgt, liegt es nahe, offene Wettbewerbe auszutragen, bei denen Rätsellöser gegeneinander antreten; beispielsweise kann der Sieger als derjenige Teilnehmer definiert werden, der innerhalb eines festen Zeitrahmens die meisten Rätsel korrekt gelöst hat. Tatsächlich geschieht genau das schon seit einiger Zeit, und zwar auf regionaler, nationaler und internationaler Ebene.

Im Jahr 1992 wurde in New York die erste Rätselweltmeisterschaft ausgetragen. Als geistiger Vater des Events kann zweifellos der Amerikaner Will Shortz angesehen werden. Shortz hatte sich bereits zuvor lange für die Austragung von Rätselwettbewerben eingesetzt; unter Anderem hatte er 1978 die amerikanische Kreuzworträtselmeisterschaft ins Leben gerufen, welche seitdem jedes Jahr unter seiner Führung stattfindet. Allerdings war er sich auch der Schwierigkeiten durch die sprachlichen Barrieren bewusst, welche einer internationalen Kreuzworträtselmeisterschaft im Wege standen.

Abb. 6.4 Der deutsche Rätsellöser Ulrich Voigt löst im Finale der Rätselweltmeisterschaft 2013 ein Rätsel auf einer Leinwand; er holt in diesem Jahr seinen neunten WM-Titel. © Rätselredaktion Susen

Seitdem wird die Rätselweltmeisterschaft jedes Jahr veranstaltet. Dabei wächst die internationale Rätselgemeinschaft beständig an; während bei der ersten derartigen Veranstaltung gerade einmal 52 Teilnehmer aus 13 Ländern antraten, wurden 2012, zwanzig Jahre nach der Geburtsstunde der Rätselweltmeisterschaft, bereits 145 Starter aus 26 Nationen registriert.

Shortz hat durch seine Aktivitäten auf dem Gebiet der Rätsel einen beeindruckenden Trend ausgelöst. In verschiedenen Ländern gab es zwar schon vorher Rätselinstitutionen (z. B. Verlage) oder Verbände, doch erst ab den 90ern wuchsen diese nationalen Interessengruppen zu einer internationalen Gemeinschaft zusammen. Shortz ist übrigens in dieser Gemeinschaft weiterhin aktiv geblieben; er war maßgeblich an der Organisation zahlreicher Rätsel- und Sudokuwettbewerbe in den USA beteiligt und ist seit 2000 Vorstandsmitglied in der *World Puzzle Federation* (dem Welträtselverband, welcher hinter den Rätselweltmeisterschaften steht).

In den letzten zwanzig Jahren sind nicht nur die Teilnehmerzahlen bei Rätselweltmeisterschaften deutlich angestiegen, auch der Charakter der Meisterschaften hat sich weiterentwickelt. In den ersten Jahren war es nicht unüblich, dass zumindest noch ein Teil der Rätsel spezielles Wissen (z. B. geographische Kenntnisse) erforderte. Mit den Jahren hat sich der Fokus immer stärker zu rein logisch lösbaren Rätseln hin verschoben. Bis auf gelegentliche Vorkommen von Bilderrätseln waren in jüngster Vergangenheit bei den Weltmeisterschaften kaum noch Rätsel anzutreffen, deren Lösung andere Fähigkeiten als das Ausnutzen kalter, präziser Logik erforderlich machten.

Die meisten der an Weltmeisterschaften teilnehmenden Nationen tragen auch auf nationaler Ebene Rätselwettkämpfe aus, häufig als direkte WM-Qualifikation. Darüber hinaus wird ein sehr großer Teil der Rätselwettbewerbe online ausgetragen. Denn – das ist ein positiv hervorzuhebender Aspekt – das Internet dient nicht nur zur Verbreitung von Rätseln, sondern auch als Austragungsplattform für Wettkämpfe im Lösen logischer Rätsel. Dieser Umstand erlaubt es vielen Rätselfreunden, denen – finanziell oder in anderer Hinsicht – die Möglichkeiten zu weiten Reisen fehlen, sich mit Gleichgesinnten aus aller Welt zu messen.

Seit der Initiative von Shortz und den Anfängen der Rätselmeisterschaften hat die internationale Rätselszene einen überaus positiven, fast familiären Charakter angenommen. Die Atmosphäre bei Meisterschaften ist trotz der Wettbewerbsstimmung üblicherweise durchgehend angenehm und heiter. Rätselliebhaber aus verschiedenen Ländern schließen Freundschaften, Menschen, die durch ein ganz simples Hobby verbunden sind, nämlich ihre Freude an logischen Rätseln.

Es ist leicht, Mitglied in der großen weiten Rätselfamilie zu werden. Die *World Puzzle Federation* zählt aktuell 31 nationale Mitgliedsverbände, welche so ziemlich alle über eine Verbands-Homepage interessierten Rätselfreunden die Möglichkeit bieten, sich sofort in die Rätselszene einzuleben. Darüber hinaus gibt es eine große Menge kommerzieller und auch privater Rätselseiten im Internet, über die man auf eine Vielzahl logischer Rätsel geleitet wird. Und natürlich findet man zahlreiche Rätselzeitschriften, die sich mit nichts Anderem beschäftigen.

Selbst der Weg zu den Meisterschaften ist nicht so weit, wie man denken mag. In Deutschland wird jährlich eine Online-Qualifikationsrunde veranstaltet, bei der man sich unmittelbar zur Deutschen Rätselmeisterschaft qualifizieren kann (die Letztere wird offline ausgetragen). Dort wiederum sind die Bestplatzierten für die darauffolgende Weltmeisterschaft startberechtigt. In diversen Ländern gibt es sogar nur eine einzige Online-Meisterschaft, bei der man direkt das WM-Ticket lösen kann – natürlich ist die Konkurrenz dann besonders groß.

Rätselfreunde scheinen mitunter nicht genug von ihrem Hobby bekommen zu können. Wenn man sich einen Fußballer anschaut, der müde unter die Dusche wankt, nachdem er 90 Minuten lang den Platz herauf und herunter gelaufen ist, wird schnell ersichtlich, dass er nicht sofort noch 90 Minuten lang weiterspielen möchte. Das Gleiche trifft in ähnlicher Form auf die Athleten in den meisten körperlichen Sportarten zu. Selbst in geistigen Sportarten ist das keine unübliche Reaktion: Ein Schachspieler, der gerade sechs Stunden lang eine wichtige Wettkampfpartie gespielt hat, möchte sich danach in der Regel erst einmal ausruhen.

Unter den Teilnehmern an Rätselmeisterschaften findet man hingegen zahlreiche, die im Anschluss gleich weiterrätseln möchten. Im Internet gibt es beispielsweise Seiten, auf denen jeden Tag ein neues Rätsel veröffentlicht wird, welches online auf Zeit gelöst werden kann. In der Vergangenheit wurde regelmäßig beobachtet, dass nach dem Ende einer Meisterschaft die Teilnehmer reihenweise ihren Laptop herausholten und sich gleich auf das nächste Rätsel stürzten.

In Ungarn wird regelmäßig eine 24-Stunden-Rätselmeisterschaft veranstaltet, in welcher – wie der Name schon sagt – einen ganzen Tag lang nonstop Rätsel gelöst werden. Wer allerdings denken würde, dass die Teilnehmer im Anschluss erschöpft ins Bett fallen, hätte sich getäuscht: Viele der Anwesenden packen danach einfach die nächsten Rätsel aus und rätseln fleißig weiter. In manchen Fällen soll damit vermieden werden, versehentlich einzuschlafen (am Flughafen beispielsweise), aber andere tun es nur, weil sie gerade „heiß" sind.

Seit 2006 finden auch Sudokuweltmeisterschaften (und ebenso nationale Sudokumeisterschaften) statt. Sudokus sind aktuell die einzigen logischen Rätsel, für die offiziell eigenständige Wettbewerbe auf diesem Level organisiert werden. Bei der *Mind Sports Olympiad* (Denksportolympiade) steht das kompetitive Lösen von Sudokus ebenfalls auf dem Programm. Das ist natürlich der besonderen Popularität des Rätseltyps geschuldet.

Zu sagen, dass die Sudokumeisterschaften mittlerweile einen ähnlichen Status wie die Rätselmeisterschaften erreicht haben, wäre jedoch eine glatte Untertreibung. Tatsächlich sieht es vielmehr so aus, dass die Teilnehmerzahlen von Sudokuwettbewerben diejenigen von allgemeinen Rätselmeisterschaften bei Weitem übertreffen. Bei den Weltmeisterschaften macht sich das nicht so klar bemerkbar; an der Sudoku-WM 2012 nahmen 149 Sudokufreunde teil, also vier mehr als bei der Rätsel-WM im gleichen Jahr. Hierbei ist sicher nicht ganz unerheblich, dass seit 2011 beide Weltmeisterschaften aus organisatorischen Gründen nacheinander am gleichen Ort ausgetragen werden; die Teilnehmerkreise für beide Events stimmen daher zu weiten Teilen überein.

Auf niedrigeren Ebenen ist es jedoch so, dass die Sudokumeisterschaften deutlich mehr Interessenten anziehen als allgemeine Rätselwettbewerbe. Der Grund dafür ist der bereits weiter vorn genannte, dass nämlich Sudokus aus den Medien wesentlich bekannter sind.

Mitunter werden Sudokuwettbewerbe von Zeitungen bzw. Zeitschriften gefördert, was auf der einen Seite eine gute Werbestrategie für das Blatt darstellt und auf der anderen Seite zu einer gesteigerten Wahrnehmung von Sudokus (und Rätseln generell) in der Öffentlichkeit führt. Ein sehr prominentes Beispiel hierfür ist die US-Meisterschaft, welche von 2007 bis 2009 vom *Philadelphia Inquirer* veranstaltet wurde; im darauffolgenden Jahr wurde Philadelphia zum Austragungsort der Sudokuweltmeisterschaft. Unter Anderem hielt die Meisterschaft von 2007 mit 857 Teilnehmern vorübergehend den Rekord als größter Sudoku-Wettbewerb der Welt. (Ein Jahr später wechselte die Auszeichnung nach Singapur, wo an einem Grundschulwettbewerb 1714 Teilnehmer gleichzeitig Sudokus lösten.)

Die Rätselszene in Deutschland

In Deutschland wurden Rätselmeisterschaften von 1994 bis 2005 von der Rätselabteilung des Verlags *Bastei* durchgeführt. Als der Verlag danach sein Engagement einstellte, wurde der Verein „Logic Masters Deutschland e. V." gegründet, welcher seitdem Meisterschaften sowohl im Lösen von Sudokus als auch im Lösen logischer Rätsel allgemein organisiert.

Kurz nach der Gründung des Vereins ging dessen Homepage online, welche unter www.logic-masters.de zu finden ist. Die Webseite ist seitdem ununterbrochen gewachsen und bietet neben Informationen zu diversen Wettbewerben die Möglichkeit, sich in das Ziel, Rätsel insgesamt populärer zu machen, persönlich einzubringen. Unter anderem ist auf der Seite das sogenannte „Rätselportal" zu finden, wo registrierte Rätselfreunde die Möglichkeit haben, selbst geschaffene Rätsel zu veröffentlichen. Mittlerweile sind dort über 2000 handerstellte Rätsel verfügbar, und die Zahl wächst ständig an.

Schließlich sollte erwähnt werden, dass es in Deutschland auch Kreuzworträtselmeisterschaften gibt. Diese werden mitunter ebenfalls kurz als „Deutsche Rätselmeisterschaften" bezeichnet, was theoretisch zu Verwechslungen führen könnte. In der Praxis werden aber die entsprechenden Informationen rechtzeitig zugänglich gemacht, so dass Missverständnisse nicht zu erwarten sind.

Die Austragung von Rätselmeisterschaften ist nicht das einzige Ziel der jeweiligen Körperschaften. Der Verein „Logic Masters Deutschland e. V.", der deutsche Vertreter in der *World Puzzle Federation*, bemüht sich generell um eine weitere Verbreitung logischer Rätsel, und dies trifft auf die anderen nationalen Rätselverbände ebenfalls zu.

Nach der Schacholympiade 2000 in Istanbul wurde vom türkischen Schachverband ein Förderprogramm „Schach an Schulen" ins Leben gerufen. Das Programm wurde als überragender Erfolg gewertet – laut offiziellen Verlautbarungen haben im Rahmen dieser Initiative von 2005 bis 2010 mehr als zwei Millionen Kinder das Schachspiel erlernt – und von vielen anderen Staaten als vorbildartig bezeichnet.

Inzwischen gibt es ähnliche Bemühungen der türkischen Rätselgemeinschaft, bei Schülern das Interesse an logischen Rätseln zu wecken. Diese Bemühungen sind umso eindrucksvoller, wenn man bedenkt, dass sie nicht den gleichen staatlichen Rückhalt haben. Die türkische Rätselszene wird von dem Verlag *Akil Oyunlari* gestützt, dennoch fehlen im Gegensatz zu dem schachbezogenen Projekt wichtige finanzielle und personelle Mittel, und die Initiative lebt zu großen Teilen von der aufopferungsvollen Arbeit weniger Personen. Ein wesentlicher Bestandteil der Bemühungen ist die Veröffentlichung von Rätselbü-

chern und -zeitschriften mit speziellen anfängertauglichen
Rätseln. Weitere mögliche Schritte sind beispielsweise die
Einrichtung von Arbeitsgruppen an Schulen oder Universi-
täten sowie die Bereitstellung elektronischer Anwendungen
zum Erstellen und Lösen von Rätseln.

Im deutschsprachigen Raum stehen all die genannten
Aktivitäten erst am Anfang; so haben beispielsweise Rätsel-
bücher mit anderen Rätseln als Sudokus bisher keinen nen-
nenswerten Anklang gefunden. Rätsel-Arbeitsgemeinschaf-
ten an Schulen existieren fast gar nicht. Dazu kommt, dass
hierzulande finanzielle Förderungen von Rätselaktivitäten
eher selten sind, was eine organisierte überregionale Verbreitung von logischen Rätseln naheliegenderweise extrem
erschwert. Kurz gesagt, sollte es jemals zur Errichtung einer
reichhaltigen und auf breiter Basis populären Rätselszene in
Deutschland kommen, so wäre es bis dahin noch ein sehr
weiter Weg.

7

Die Welt der Sudokus

Nach den einleitenden Sätzen auf den vorangegangenen Seiten wollen wir etwas konkreter auf ein paar Rätselarten eingehen, beginnend mit Sudokus. Der Name Sudoku ist für den Rätseltyp so geläufig geworden, dass wir ihn ausschließlich verwenden wollen, obwohl es sich, wie in der Einleitung des Kapitels geschildert wurde, nicht um die ursprüngliche Bezeichnung handelt. Beachtenswert ist hierbei, dass das gleiche Wort umgangssprachlich sowohl für den Rätseltyp allgemein als auch für einzelne Rätselexemplare benutzt wird. Wir werden mitunter die Begriffe Sudoku-Gitter und Sudoku-Rätsel verwenden, um Missverständnisse zu vermeiden.

Wenn es um den Umgang mit Sudokus geht, ist zunächst festzuhalten, dass sich nur ein äußerst kleiner Anteil der Sudoku-Freunde auf theoretischer, d. h. mathematischer Basis mit Sudokus beschäftigt. Der Rest ist im Wesentlichen bestrebt, Sudokus praktisch zu lösen und die eigenen Fähigkeiten in dieser Disziplin zu steigern. Insofern wollen wir uns zuerst ebenfalls dem Lösen von Sudokus widmen und erst danach auf mathematische Fragestellungen im Zusammenhang mit Sudokus zu sprechen kommen.

I. Althöfer, R. Voigt, *Spiele, Rätsel, Zahlen*, DOI 10.1007/978-3-642-55301-1_7,
© Springer-Verlag Berlin Heidelberg 2014

Einfache Lösungstechniken

Etwas weiter vorn wurde bereits angedeutet, dass es ein paar ganz elementare Herangehensweisen gibt. Sind in einer Zeile, einer Spalte oder einem 3 × 3-Block schon acht Ziffern vorgegeben, so ergibt sich daraus unmittelbar die neunte Ziffer. Während in der Sudoku-Szene diverse Lösungsschritte sogar schon mit einem Namen versehen wurden, ist dieses Vorgehen hingegen so einfach, dass es dafür keinen anerkannten Namen gibt.

Abgesehen von der oben genannten gibt es noch einige weitere, sehr einfache Lösungstechniken. Eine der bekanntesten wird als *naked single* bezeichnet, also als nacktes Single. (In der Sudoku-Szene sind die englischen Bezeichnungen am weitesten verbreitet, und wir wollen sie regelmäßig verwenden.) Wenn man ein leeres Feld findet, für das acht der neun Ziffern nicht in Frage kommen, weil die besagte Ziffer in der gleichen Zeile oder Spalte bzw. im gleichen Block bereits vorkommt, so kann die neunte Ziffer mit Sicherheit eingetragen werden. Genau genommen ist die zuerst erwähnte Situation ein Spezialfall dieser Lösungstechnik.

In Abb. 7.1 sehen wir einen Ausschnitt aus einem Sudoku, in dem der beschriebene Schritt zur Anwendung kommt. Das Feld in der linken unteren Ecke kann lediglich eine 5 enthalten, denn in anderen Feldern der gleichen Zeile stehen schon die Ziffern 2, 4, 7 und 9, und die Ziffern 1, 3, 6 und 8 sind bereits in anderen Feldern der gleichen Spalte bzw. des gleichen Blocks zu finden.

3								
	6	8						
1					8			
		2	9			4	7	

Abb. 7.1 Sudoku-Lösungstechniken: Demonstration von *naked singles* und *hidden singles* an einem Beispiel

Zum Verständnis der Namensgebung ist es vielleicht hilfreich, eine generelle Herangehensweise beim Lösen von Sudokus zu erklären. Nehmen wir an, wir notieren in jedem einzelnen Gitterfeld alle Ziffern, die dort gemäß den Regeln eingetragen werden können. Genauer heißt das, wir schreiben in jedes Feld diejenigen Ziffern, die noch nicht in der gleichen Zeile oder Spalte und auch noch nicht im gleichen 3 × 3-Block vorkommen. Derartige Einträge werden als *candidates* (Kandidatenziffern) bezeichnet.

Für den gesamten weiteren Lösungsverlauf geben die *candidates* alle Ziffern an, die überhaupt noch in das jeweilige Feld eingetragen werden können. Die Menge der *candidates* kann im Laufe der Lösung nie größer werden, sondern lediglich kleiner. Um mit diesem Vorgehen Fortschritte zu erzielen, müsste man im Prinzip ständig alle Listen der Kandidatenziffern aktualisieren, insbesondere wenn man eine neue Ziffer sicher im Gitter platzieren kann. Das ist ein extrem unhandliches Vorgehen, jedenfalls wenn man es im gesamten Gitter von Anfang bis Ende durchzieht.

In Einzelfällen können die *candidates* jedoch durchaus hilfreich sein. Sofern man sich grundsätzlich darauf beschränkt, die *candidates* nur in ausgewählten Fällen einzutragen, können sie dem Löser in einem wichtigen Moment den entscheidenden Anstoß geben. Bei leichten Rätseln kommen Sudoku-Experten in der Regel vollständig ohne schriftliches Festhalten von *candidates* aus. In schwierigeren Exemplaren werden *candidates* üblicherweise an Schlüsselstellen notiert, wenn es nur zwei oder drei von ihnen in einem Feld gibt.

Ein *naked single* liegt vor, wenn in einem bestimmten Feld nur noch ein einziger *candidate* in Frage kommt. Hiervor leitet sich der Name der Lösungstechnik ab; *naked singles* wären, wenn man diese Technik durchgehend benutzt, optisch sehr schnell als einzeln stehende *candidates* zu erkennen. Geübte Löser nehmen *naked singles* allerdings auch sehr schnell wahr, ohne irgendwelche *candidates* einzutragen.

Eine hiermit sehr eng verwandte und doch in gewissem Sinne gegensätzliche Technik liegt vor, wenn eine bestimmte Ziffer in einer konkreten Zeile oder Spalte oder in einem Block nur an einer einzigen Stelle platziert werden kann. Auch diese Situation liegt in Abb. 7.1 vor; im rechten unteren Eckfeld muss eine 8 stehen, da sowohl in der untersten Zeile als auch in dem entsprechenden Block keine andere Position für eine 8 mehr zur Verfügung steht. An den *candidates* sind solche Konstellationen schwerer zu erkennen, man muss nämlich eine Ziffer und eine Zeile (bzw. eine Spalte oder einen Block) finden, so dass diese Ziffer dort nur ein einziges Mal als *candidate* auftritt. Die Technik wird daher als *hidden single* (verstecktes Single) bezeichnet.

Komplexe Lösungsschritte

Mit diesen Lösungstechniken kommt man bei leichteren Sudokus bereits relativ weit, ja es gibt zahlreiche Exemplare, die ausschließlich unter Verwendung der *naked singles* und *hidden singles* lösbar sind. Tatsächlich sind das auch schon die meisten Situationen, in denen man als Löser direkt in der Lage ist, aus den vorgegebenen Ziffern weitere abzuleiten, die in das Rätselgitter sicher eingetragen werden können.

Was den Reiz dieser Rätselart ausmacht, ist jedoch der Umstand, dass sie unter der Oberfläche noch viel mehr zu bieten hat. Es gibt eine sehr große Anzahl von Konstellationen, in denen man „unsichtbare" Fortschritte machen kann, also Resultate erzielen kann, die nicht durch das Eintragen konkreter weiterer Ziffern darstellbar sind. Gelegentlich lassen sich auf logischem Wege einzelne *candidates* eliminieren, und nur durch die Kombination mehrerer derartiger Techniken kann man weitere Ziffern im Gitter platzieren.

Abbildung 7.2 zeigt eine derartige Konstellation. Zur Übersichtlichkeit sind in dem Gitterausschnitt keine *candidates* eingetragen, doch man kann sich unschwer davon überzeugen, dass sowohl in der linken unteren als auch in der rechten unteren Ecke nur noch die Ziffern 1 oder 9 stehen können. Diese beiden Felder bilden ein sogenanntes *naked pair* (nacktes Paar); zwar kann zu diesem Zeitpunkt noch nicht entschieden werden, welche der beiden Ziffern wo zu platzieren ist, aber es steht zumindest fest, dass alle anderen Felder der untersten Zeile die Ziffern 1 und 9 nicht enthalten dürfen. Mit dieser Überlegung können folglich

7							
5							2
2					7	5	
	6						
	4		3			6	8

Abb. 7.2 Sudoku-Lösungstechniken: Demonstration von *naked pairs* und *hidden pairs* an einem Beispiel

nur *candidates* ausgeschlossen, jedoch keine Ziffern sicher eingetragen werden.

Das Analogon, das *hidden pair* (verstecktes Paar) ist in Abb. 7.2 ebenfalls zu finden. Wenn man sich überlegt, welche Felder in dem linken unteren 3 × 3-Block die Ziffern 5 und 7 enthalten müssen, stellt man schnell fest, dass dafür nur die beiden unteren Felder in der dritten Spalte in Frage kommen. Zwar gäbe es im Moment noch andere *candidates* für das obere der beiden Felder, doch da wir diese beiden Ziffern irgendwo in dem Block unterbringen müssen, können alle weiteren *candidates* für diese beiden Gitterfelder eliminiert werden.

Aus dieser Erkenntnis folgt wiederum, dass die *candidates* 5 und 7 aus allen restlichen Feldern der dritten Spalte (auch in dem nicht dargestellten oberen Teil des Gitters) ebenfalls gestrichen werden können. Denn nachdem wir die besagten beiden Felder von allen übrigen *candidates* „gesäubert" haben, liegt plötzlich wieder ein *naked pair* vor.

Übrigens würde es für einen weiteren Fortschritt in dieser Richtung auch genügen, wenn wir wüssten, dass nur eine der Ziffern (sagen wir, die 5) in einem der beiden besagten Felder stehen muss; dann könnten wir zumindest die 5 als *candidate* in den restlichen Feldern der Spalte gleichermaßen ausschließen. Diese Technik wird als *pointing pair* bezeichnet. Eine gute deutsche Übersetzung gibt es hierfür nicht, am ehesten würde vielleicht „Zeigerpaar" passen. Das Paar Felder, in denen die 5 stehen kann, wirkt gewissermaßen wie ein Zeiger auf den Rest der Spalte und sorgt dadurch für die Eliminierung dieser *candidates* entlang des Zeigers. Das *naked pair* bzw. *hidden pair* im aktuellen Beispiel ist eine stärkere Version des *pointing pair*.

Das ist jedoch erst die Spitze des Eisbergs. In der Sudokuwelt sind viele weitere Lösungstechniken bekannt, die meisten davon mit kreativen Namen wie *Swordfish* (Schwertfisch) oder *Jellyfish* (Qualle), *X-Wing* oder *Y-Wing*. Allein mit diesen Techniken könnte man ganze Bücher füllen. (*Wing* bedeutet Flügel; mit den letzteren beiden Begriffen werden Raumschifftypen aus der *Krieg-der-Sterne*-Saga bezeichnet. Die Namen entstanden vermutlich in Anlehnung an die dabei vorkommenden geometrischen Formationen, allerdings benötigt man eine Menge Fantasie, um hier eine Verwandtschaft zu erkennen.)

Im Internet gibt es inzwischen zahlreiche Seiten, auf denen alle bekannten Lösungsschritte für Sudokus detailliert mit Beispielen erklärt werden. Dazu findet man auch diverse kostenlose Programme, mit denen man Sudokus erstellen bzw. lösen lassen kann. Eine der umfangreichsten dieser Seiten ist der *Sudoku Solver* von Andrew Stuart, dessen Benutzeroberfläche es dem Benutzer gestattet, die einzelnen Schritte zu verfolgen.

Dort werden nicht weniger als 35 Lösungstechniken namentlich genannt, von den *naked singles* und *hidden singles* bis hin zu einem Vorgehen, das liebevoll *Bowman's Bingo* genannt wird. Im Grunde genommen handelt sich hierbei um eine „Trial and Error"-Version, also eine Lösungsmethode, bei der man eine Ziffer probehalber ins Gitter einträgt und schaut, was sich daraus ergibt. Möglicherweise findet man durch Probieren eine Lösung; es kann aber auch passieren, dass man irgendwann auf einen Widerspruch stößt, was im Prinzip beweist, dass die ursprünglich gewählte Ziffer falsch war. *Bowman's Bingo* ist sozusagen eine Fallunterscheidung für Situationen, die so komplex sind, dass sie mit anderen Techniken nicht bewältigt werden können.

Die Mathematik von Sudokus

Wie komplex Sudokus wirklich sind, sollen im Folgenden ein paar Zahlen belegen. Im Jahr 2005 veröffentlichten die beiden Mathematiker Bertram Felgenhauer und Frazer Jarvis eine Ausarbeitung, in der sie die Zahl aller möglichen komplett ausgefüllten Sudokus mit 6.670.903.752.021.072.936.960 angeben, also rund $6{,}67 \cdot 10^{21}$; die Zahl gilt seitdem als gesichert. Das ist eine beachtlich große Zahl, selbst für Computer. Wenn man sich von dem schnellsten Computer der Welt alle vollständigen Sudokugitter ausgeben lassen würde (nehmen wir stark vereinfacht an, die Ausgabe einer einzelnen Ziffer würde einer Rechenoperation entsprechen), so würde dieser allein über ein halbes Jahr brauchen, um alle Sudokus anzuzeigen – ganz abgesehen von dem Aufwand, alle Gitter zu bestimmen.

Es sollte auf jeden Fall erwähnt werden, dass die gleiche Zahl schon zwei Jahre zuvor in einem Diskussionsforum über Sudokus genannt wurde, und zwar von einem Nutzer namens „qscgz". Da die Rätselwelt nicht wissenschaftlich strikt sortiert ist, kann es durchaus passieren, dass ein interessantes Resultat unbemerkt bleibt und erst Jahre später wieder auftaucht.

Angesichts der obigen Größenordnung kann man vernünftigerweise davon ausgehen, dass die Sudokus niemals knapp werden. Deren berechnete Anzahl sollte jedoch nicht unmittelbar der Maßstab sein. Zum einen beschäftigen sich Rätselfreunde naturgemäß nicht so sehr mit bereits vollständig gefüllten, sondern mit noch unvollständigen Rätselgittern. Zum anderen liegt es im Interesse aller Beteiligten, dass die Sudokus, welche an die Löser herausgegeben werden, nicht zu eintönig sind, sondern eine gewisse Vielfalt besitzen.

Zum Verständnis der letzten Bemerkung wollen wir ein kleines Gedankenspiel veranstalten. Nehmen wir an, wir ersetzen in einem komplett gefüllten Sudoku-Gitter alle Einsen durch Zweien und umgekehrt alle Zweien durch Einsen. Dadurch entsteht zweifellos wieder ein den Sudoku-Regeln entsprechend ausgefülltes Gitter. Zunächst einmal ist es korrekt zu sagen, dass es sich um ein anderes Sudoku handelt, da ja nicht an allen 81 Stellen die gleiche Zahl wie zuvor steht. Dennoch kann man sich des Eindrucks nicht erwehren, dass dieses Sudoku irgendwie mit dem vorigen verwandt ist.

Würden in einem Rätselwettbewerb beide Sudokus nacheinander vorkommen, so würde das Lösen von beiden unwesentlich länger als das Lösen des ersten Sudokus allein dauern, da man beim zweiten nur noch die Zahlen abschreiben muss – natürlich unter Berücksichtigung der vorgenommenen Modifikation. Ähnliches trifft auch für jede andere der 362.880 Permutationen der Ziffern von 1 bis 9 zu. Insofern scheint die Zahl $6,67 \cdot 10^{21}$ für die praktische Nutzbarkeit zu hoch gegriffen zu sein.

Wir wollen zwei Sudoku-Gitter *wesentlich verschieden* nennen, wenn sie nicht durch eine Ziffernpermutation oder eine vergleichbare elementare Operation ineinander überführt werden können. Diese Definition bedarf natürlich einer genaueren Erklärung, denn wir müssen uns darauf einigen, welche Operationen so elementar sind, dass sie hierbei Berücksichtigung finden sollen.

Wenn man ein vollständig gefülltes Sudoku-Gitter einfach nur um 90°, 180° oder 270° dreht, so erhält man offenbar ebenfalls wieder ein korrekt ausgefülltes Sudoku. Die gleiche Aussage trifft ersichtlich zu, wenn man das Gitter waagerecht, senkrecht oder entlang einer der beiden Hauptdiagonalen spiegelt. Es macht Sinn, solche Gitterpaare, die durch Drehung oder Spiegelung ineinander überführt werden können, nicht als wesentlich verschieden anzusehen.

Das sind noch nicht alle Operationen, die im Rahmen der obigen Definition betrachtet werden sollten. Wenn man mehrere Zeilen eines Sudokus vertauscht, kommt mitunter auch wieder ein neues Sudoku heraus. Das klappt nicht immer, da man berücksichtigen muss, welche Zeilen jeweils die gleichen 3 × 3-Blöcke bilden. Vertauscht man beispielsweise den Inhalt der ersten und der vierten Zeile eines gelösten

1	2	3	5	7	8	4	6	9
4	5	6	9	1	2	3	7	8
7	8	9	6	3	4	1	5	2
2	4	1	3	5	6	8	9	7
3	6	7	4	8	9	2	1	5
5	9	8	1	2	7	6	3	4
6	1	2	7	4	5	9	8	3
8	3	5	2	9	1	7	4	6
9	7	4	8	6	3	5	2	1

Abb. 7.3 Paarweise Vertauschbarkeit von einzelnen Ziffern in einem Sudoku-Gitter

Sudokus, so kann es durchaus passieren, dass anschließend nicht mehr jede Ziffer in jedem Block genau einmal vorkommt. Das Vertauschen der Zeilen innerhalb der Dreiergruppen sowie das Austauschen gesamter Zeilengruppen erzeugt jedoch auf jeden Fall wieder gelöste Sudokus. Eine analoge Feststellung trifft selbstverständlich auf die Spalten des Gitters zu.

Man könnte auf die Idee kommen, noch weitere Operationen in die Definition wesentlich verschiedener Sudoku einzubinden. In Abb. 7.3 beispielsweise ist es möglich, aus einem gelösten Sudoku durch minimale Änderung ein weiteres abzuleiten, nämlich durch eine vertauschte Anordnung der Sechsen und der Neunen in dem grau markierten 2 × 2-Bereich in der oberen Gitterhälfte.

Solche Änderungsmöglichkeiten gibt es extrem häufig, und nicht immer durch das Vertauschen benachbart liegender Ziffern; in dem gleichen Beispiel sind auch noch vier isolierte Felder hervorgehoben, in denen eine analoge Vertauschung möglich ist (bei weitem nicht die einzige in diesem Gitter). Sehr viele gelöste Sudokus gestatten die Erzeugung eines neuen Sudokus durch Abänderung von lediglich vier Ziffern.

Zu berücksichtigen ist allerdings, dass man erst bei Kenntnis des konkreten Gitters in der Lage ist, die vier Felder geeignet auszuwählen. Nimmt man ein beliebiges anderes Sudoku her und versucht dort, die Ziffern an genau den gleichen Stellen zu korrigieren, wird das in der Mehrzahl der Fälle nicht zum Erfolg führen. Das globale Permutieren der Ziffern hingegen wird immer funktionieren. Wir fassen diese Erkenntnis noch einmal zusammen:

Ist ein den Sudoku-Regeln entsprechend vollständig ausgefülltes Gitter vorgegeben, so kann man auf die folgenden Weisen ein neues, ebenfalls korrekt gefülltes Sudoku erzeugen:

- durch Permutieren der Ziffern von 1 bis 9 im gesamten Gitter;
- durch Vertauschen der Gitterzeilen innerhalb der festen Dreiergruppen;
- durch Vertauschen der Dreiergruppen der Gitterzeilen;
- durch Vertauschen der Gitterspalten innerhalb der festen Dreiergruppen;
- durch Vertauschen der Dreiergruppen der Gitterspalten;
- durch Drehungen und Spiegelungen des Gitters.

Frazer Jarvis und Ed Russell, ein weiterer sudoku-interessierter Mathematiker, gaben 2005 die Zahl wesentlich verschiedener Sudokugitter mit 5.472.730.538 an. Fünfeinhalb Milliarden ist eine deutlich kleinere Zahl als die zuvor genannte Zahl $6{,}67 \cdot 10^{21}$, dennoch sollte man sich keine Sorgen machen, in nächster Zeit über Berge von bereits bekannten Sudokus zu stolpern.

Hintergrund ist nämlich, dass diese Zahl einzig und allein die Anzahl komplett ausgefüllter Sudoku-Gitter beschreibt. In der Praxis wird man ja stattdessen mit einem unvollständigen Gitter konfrontiert, verknüpft mit der Aufgabenstellung, die restlichen Ziffern auszufüllen. Es ist sicher klar, dass es jede Menge Möglichkeiten gibt, aus einem fertigen Sudoku einen Teil der Ziffern wegzulassen, so dass das Restprodukt ein eindeutig lösbares Sudoku-Rätsel darstellt. Tatsächlich hat man dabei so viele Freiheiten, dass man kaum eine Chance hat, die Gesamtanzahl eindeutig lösbarer Sudokus zu bestimmen.

Minimale Sudokus und das Rätsel der 17

Zunächst sollte man sich klar machen, dass man nahezu immer ein Sudoku-Rätsel mit einer eindeutigen Lösung erhält, wenn man aus einem vollen Gitter nur eine Handvoll Ziffern entfernt. Zwar kann es beispielsweise passieren, dass man dabei genau vier solche Ziffern wie in Abb. 7.3 erwischt, doch die Chance dafür ist recht klein. In einem mittelschweren Sudoku sind in der Regel zwischen 20 und 30 Ziffern vorgegeben. Natürlich müssen die Ziffern geeignet platziert sein; wenn man zufällig 30 Ziffern auswählt, muss man wiederum damit rechnen, ein Sudoku mit mehreren Lösungen vor sich zu haben.

Es ist schwierig, eine genaue Zahl anzugeben, ab wie vielen Vorgabeziffern erwartungsgemäß mit einer eindeutigen Lösung zu rechnen ist, und diese Frage ist für praktische Zwecke auch nur in Maßen spannend. Für die Vertreiber und Löser von Sudokus sind im Allgemeinen ohnehin nur „interessante" Sudokus relevant; das sind solche, bei denen so wenige Ziffern vorgegeben sind, dass das Rätsel – gemessen an dem gewünschten Schwierigkeitsgrad – eine Herausforderung darstellt, gleichzeitig aber so viele, dass das Lösen nicht in reines Probieren ausartet.

Uns genügt es zu wissen, dass man bei geeignetem Vorgehen etwa zwei Drittel der Ziffern weglassen kann und immer noch ein Sudoku mit einer eindeutigen Lösung erhält. Sämtliche Computer der Welt könnten nicht in einer realistischen Zeitspanne alle interessanten Sudokus (im obigen Sinne) ausgeben. Für die Angabe einer genauen Anzahl müsste man erst sauber formalisieren, wann ein Sudoku objektiv als interessant gelten soll.

Interessant aus mathematischer Sicht ist die Frage, wie viele Ziffern grundsätzlich übrig bleiben müssen, anders ausgedrückt: Wie viele Ziffern müssen in einem Sudoku mindestens eingetragen sein, damit die Lösung eindeutig sein kann? Seit Jahren sind Sudokufreunde – theoretisch und praktisch veranlagte – dieser Frage auf der Spur, und die Antwort lautet: 17.

Es handelt sich um ein kurioses Resultat, denn es scheint kein mathematischer Grund zu existieren, warum ausgerechnet die siebzehnte Vorgabeziffer so einen großen Unterschied ausmachen soll. Tatsächlich gab es schon ein paar abstrakte Beweisversuche, warum ein eindeutig lösbares Sudoku mit nur 16 Vorgaben nicht existieren kann; nach unserem Wissensstand sind diese Beweisversuche alle als fehlerhaft erkannt worden. Fakt ist jedoch, dass erstens schon diverse Sudoku-Rätsel mit genau 17 eingetragenen Ziffern bekannt und im Umlauf sind und dass zweitens noch kein Sudoku mit 16 oder weniger Vorgaben gefunden worden ist. Seit mehreren Jahren ging die Sudokuwelt daher mehr oder weniger geschlossen davon aus, dass 17 die richtige Antwort auf die Frage im vorigen Absatz ist.

Inzwischen wurde der Beweis erbracht, dass es tatsächlich kein eindeutig lösbares Sudoku mit nur 16 festen Ziffern geben kann. Er basiert auf einer eher radikalen „Brute-Force"-Herangehensweise; ein Computer hat einfach alle Sudokus mit 16 Vorgaben überprüft. Da selbst für Computermaßstäbe die zu untersuchende Menge von Sudoku-Rätseln zu groß ist, haben die drei Mathematiker bzw. Informatiker Gary McGuire, Bastian Tugemann und Gilles Civario zuerst ein System entwickelt, mit dem sie die Grundmenge auf ein – für Computer – überschaubares Maß reduzieren konnten, und dann ihr Programm zur Prüfung auf Eindeutigkeit darauf angesetzt. Das Ergebnis ihrer Arbeit wurde 2012 veröffentlicht und 2013 noch einmal unabhängig bestätigt.

Die Zahl 17 als absolute Untergrenze steht – wenn man Computern und der Korrektheit der von ihnen erbrachten Resultate vertraut – also nicht mehr in Zweifel. Einer nur teilweise damit verwandten Fragestellung wollen wir uns als nächstes widmen. Wir wollen ein Sudoku-Rätsel *minimal* nennen, wenn es eine eindeutige Lösung besitzt, jedoch nicht mehr eindeutig lösbar ist, sobald man auch nur eine beliebige der Vorgabeziffern weglässt.

Während gemäß der zuletzt vorgestellten Erkenntnis jedes eindeutige Sudoku mit 17 Vorgaben automatisch minimal ist, ist es gleichzeitig so, dass auch viele Sudokus mit mehr als 17 eingetragenen Ziffern dieses Minimalitätskriterium erfüllen. Nicht bei allen Sudoku-Gittern wird die gleiche Anzahl an Vorgaben benötigt, um ein eindeutiges Rätsel daraus zu machen. In diesem Zusammenhang sollte erwähnt werden, dass die Anzahl der Vorgaben allein auch kein akkurates Werkzeug zur Einschätzung der Schwierigkeit von Sudoku-Rätseln ist. Zwar kann man sehr grob davon ausgehen, dass Sudokus mit mehr Vorgaben leichter als solche mit weniger Vorgaben sind; im Einzelfall kann es aber durchaus vorkommen, dass ein Rätsel mit 17 vorgegebenen Ziffern leichter lösbar ist als eines mit z. B. 20 Vorgaben. Denn die Schwierigkeit für menschliche Löser steckt in der Komplexität der zum Lösen notwendigen Techniken (siehe dazu den ersten Teil dieses Kapitels), und diese hängt nicht explizit von der Anzahl der Vorgabeziffern ab.

Neben der weiter vorn beantworteten Frage nach der Anzahl wesentlich verschiedener Sudokus kann man sich für die Fragestellung interessieren, wie viele minimale Sudokus es insgesamt gibt. Dieses Problem ist noch nicht gelöst; gerade weil die Zahl der Vorgaben bei minimalen Ziffern stark schwankt, ist es auch extrem schwer, einen mathematischen Zugang zu finden. Einer Schätzung zufolge liegt die Anzahl minimaler Sudokus bei reichlich $3 \cdot 10^{37}$.

Minimalität bei Sudokus (und bei diversen anderen Rätselarten ebenso) ist eine interessante Zielstellung beim Erstellen der Rätsel. Grob gesagt ist jede Vorgabe, die nicht

essentiell für die Eindeutigkeit der Lösung ist, eine Hilfe-
stellung an den Löser. Sie erspart ihm einen oder mehrere
Lösungsschritte und gibt ihm von Anfang an zusätzliche
Optionen, was die Suche nach logischen Lösungstechniken
angeht. Sie macht das Rätsel also prinzipiell leichter.

Insofern könnte man meinen, dass Minimalität das
höchste Ziel beim Erstellen von Rätseln ist. Das trifft jedoch
bei Weitem nicht zu. Als Rätselautor muss man viele andere
Faktoren berücksichtigen. Zunächst einmal werden manchmal leichtere Rätsel benötigt, zum Beispiel um Anfänger an
eine Rätselart heranzuführen. Schlägt man ein normales Sudoku-Buch oder -Heft auf, so wird man üblicherweise nicht
gleich auf der ersten Seite mit den schwersten Geschützen
bombardiert.

Dazu kommt, dass nicht jedes Rätsel mit einer eindeutigen Lösung auch einen logischen Lösungsweg gestattet.
Denken wir zurück an die Lösungstechnik namens *Bowman's Bingo*, ein Durchprobieren im höheren Sinne. Ein
Rätsel, welches man nur durch zufälliges Eintragen von
Ziffern meistern kann, reizt den Löser kaum und wirkt eher
abschreckend. Insofern kann es eine gute Idee sein, frei-
willig noch zusätzliche Vorgaben hinzuzufügen, um dem
Löser weitere Ansätze zu bieten. Gerade bei Rätseln, die
in Wettbewerben (insbesondere nationalen und internationalen Meisterschaften) vorkommen, ist es sehr erwünscht,
dass die Rätsel von Anfang bis Ende auf logischem Weg
bearbeitet werden können.

Zuletzt ist da noch der ästhetische Faktor. Rätselautoren lieben es, in ihre Kreationen gewisse Muster einzubauen
(die Löser würdigen es üblicherweise ebenfalls). Das Sudoku
in Abb. 6.1 besitzt nach einer spontanen Stichprobe min-

destens zwei entbehrliche Vorgabeziffern. Würde man diese weglassen, so würde man auch die symmetrische Anordnung der Vorgaben zerstören. Das fühlt sich etwa so an, als würde man seinen Gästen einen Kuchen servieren, aus dem bereits ein oder zwei Stücke herausgeschnitten sind, es wäre unbefriedigend.

Sudoku-Programmierung

Wenn man erst einmal an diesem Punkt angekommen ist, muss man sich fragen, wie eigentlich Computer mit Sudokus umgehen. Sie haben keinen Sinn für Ästhetik und sind folglich in dieser Hinsicht keinen Zwängen unterworfen. Andererseits können Programme nur das, was man ihnen beibringt. Auf welchem Weg erstellen und lösen also Computer Sudokus?

Bei den Berechnungsproblemen auf den vorigen Seiten haben wir festgehalten, dass die Menge der Sudokus (speziell der Gesamtheit aller Sudoku-Rätsel) selbst für eine maschinelle Behandlung deutlich zu groß ist. Gleichzeitig sind wir darauf eingegangen, dass manche Programme das Lösen durch systematisches Probieren beherrschen. Das mag wie ein Widerspruch klingen, doch dieser ist nur scheinbar vorhanden. Wenn man einem Computer ein konkretes Sudoku vorgibt, so muss er eben nicht jedes einzelne existierende Sudoku zur Hand nehmen und dessen Einträge mit den vorgegebenen Ziffern vergleichen. Er kann auf Basis der bekannten Ziffern arbeiten, und sofort wird die Datenmenge viel kleiner.

Nehmen wir beispielsweise an, uns würde ein Sudoku mit 25 bereits eingetragenen Ziffern und 56 freien Feldern vorliegen. Wir wollen weiterhin annehmen, dass jedes Feld im Schnitt etwa vier *candidates* hat. (Die Bestimmung der *candidates* als Ausgangssituation nimmt für einen Computer vernachlässigbar wenig Zeit in Anspruch.) Der Suchraum von 4^{56} ist entsetzlich groß, er liegt in der Größenordnung von $5 \cdot 10^{33}$, und man fragt sich unwillkürlich, ob es nicht doch besser gewesen wäre, eine Liste mit allen vollständig gefüllten Gittern durchzugehen, anstatt auf diesem Suchraum zu arbeiten.

Doch mit jeder Ziffer, die man einträgt, sinkt sowohl die Anzahl der freien Felder als auch die Anzahl der *candidates* in den restlichen Feldern. Wenn man zum Beispiel in zehn der freien Felder zufällig Ziffern aus der jeweiligen Kandidatenliste einträgt (dafür gibt es ungefähr eine Million Möglichkeiten), so verbleiben 46 freie Felder, gleichzeitig ist auch die Menge der *candidates* für den Rest erheblich geschrumpft. Wenn wir vereinfacht von durchschnittlich zwei bis drei *candidates* pro Feld ausgehen, ist der Suchraum „nur noch" bei 10^{18} bis 10^{20}. Das Eintragen von zehn weiteren Ziffern wird dann schon ausreichend sein, um den Rest in den Millionenbereich zu verlagern, wo er von Programmen im Handumdrehen erledigt werden kann – nicht zu vergessen die Möglichkeit, dass man dabei bereits auf einen Widerspruch stoßen kann und den Rest dann gar nicht behandeln muss.

Und das ist noch eine sehr primitive Herangehensweise; selbst beim radikalen Durchprobieren kann man sich deutlich geschickter anstellen. Wenn man für die ersten zehn Ziffern Felder mit möglichst wenigen *candidates* auswählt, ist der Anzahl der zu prüfenden Fälle nur einen Bruchteil so groß wie in dem im vorigen Absatz skizzierten Verlauf. Es hat nämlich gar keinen Sinn, die Ziffern wie oben wahllos in Zehnergruppen einzutragen. Wählt man das zweite Feld in der gleichen Zeile oder Spalte oder im gleichen Block wie die erste (und die nachfolgenden analog), so schrumpft die Liste der *candidates* für jedes weitere Feld immer mehr zusammen, und der Suchraum wird noch einmal merklich kleiner. Viele Programme können auf einem durchschnittlichen PC ein Sudoku in unter einer Sekunde lösen.

Dennoch ist das knallharte Durchprobieren aller Möglichkeiten ein plumpes und unbefriedigendes Vorgehen. So ziemlich alle Lösungstechniken, die menschlichen Lösern bekannt sind, kann man auch programmieren. Als schlichtestes Beispiel wollen wir uns vorstellen, dass der Computer für jedes der 81 Gitterfelder neben der Information, ob schon eine Zahl darin steht (und wenn ja, welche), auch eine Liste der *candidates* speichert. Die Datenmenge ist gering und erlaubt das unmittelbare Ablesen der *naked singles*.

Zum Auffinden von *hidden singles* benötigt man andere, technisch aber vergleichbare Datenstrukturen. Man kann für jede der neun Ziffern und für jede Zeile des Sudoku-Gitters eine Liste von Feldern speichern, in der die gewählte Ziffer noch platziert werden kann, d. h. als *candidate* vorkommt, analog für die Spalten und die 3×3-Blöcke. Besteht eine der Listen aus nur einem einzigen Eintrag, so liegt die zuvor als *hidden single* beschriebene Situation vor, und man kann wiederum eine Ziffer sicher ins Gitter eintragen.

Je komplizierter die Techniken werden, umso komplizierter werden potenziell auch die Daten, die man zum effizienten Suchen eines entsprechenden Lösungsschritts abspeichern muss. Darüber hinaus muss man die Daten ständig aktualisieren (z. B. immer wenn man eine Ziffer neu eingetragen hat). Der Speicherplatz selbst ist heutzutage nicht das Problem, die Zugriffs- und Bearbeitungszeit auf diese Zusatzdaten hingegen sehr wohl. Will man sein Programm mit der Fähigkeit immer feinerer Lösungstechniken ausstatten, so kann es leicht sein, dass es irgendwann länger zum Lösen braucht, als das mit einem Brute-Force-Algorithmus der Fall gewesen wäre.

Trotzdem haben derartig gestaltete Programme einen großen Vorteil. Sie können nicht nur Sudokus lösen (bei der Gelegenheit können sie gleichzeitig auch feststellen, ob ein Sudoku eindeutig lösbar ist oder mehrere Lösungen besitzt), sondern auch deren Schwierigkeit abschätzen. Je komplexer die Lösungsschritte werden, umso schwerer wird das Rätsel auch für den Menschen, wenn er es in einem Buch bzw. einer Zeitschrift findet oder – im Falle eines regelmäßigen Wettbewerbsteilnehmers – in der Hitze des Wettstreits vorgesetzt bekommt. Eine solche Einschätzung wäre für einen Computer nahezu unmöglich, wenn er nur eine radikale Fallunterscheidung von Anfang bis Ende durchführt.

Computergenerierte Sudokus

Das maschinelle Erstellen von Sudokus ist in vielerlei Hinsicht mit dem maschinellen Lösen verwandt. Wenn man ein Programm zum Entwerfen von Sudokus schreiben möchte, so sollte dieses auf jeden Fall in der Lage sein, den Entwurfsprozess in einer Weise auszuführen, dass die eindeutige

Lösbarkeit des Endprodukts gesichert ist. Insofern hat es Sinn, ein solches Programm gegebenenfalls mit einem zu verknüpfen, welches Sudokus löst.

Das Erstellen könnte in der allereinfachsten Version so funktionieren, dass man im Gitter zufällig eine Teilmenge aller Felder auswählt und in die gewählten Felder ebenso zufällig Ziffern einträgt. Anschließend prüft man, ob das entstandene Werk überhaupt lösbar ist, also ob die Vorgaben bereits mit einem Widerspruch mit den Sudoku-Regeln zusammengefügt sind, und ob das Sudoku weiterhin eindeutig lösbar ist, sofern die Probe des vorigen Kriteriums zur Zufriedenheit ausgefallen ist.

Anstelle des komplett chaotischen Zufallsverfahrens könnte man eines zur Anwendung bringen, in dem der Erstellungsprozess etwas gelenkt wird. Dabei drängen sich spontan zwei Möglichkeiten auf. Eine besteht darin, mit einem vollständig ausgefüllten Sudoku zu beginnen und dann der Reihe nach Ziffern wegzulassen. Jedes Mal, wenn man eine Vorgabeziffer gelöscht hat, prüft man das entstandene Sudoku auf Eindeutigkeit. Zumindest wird auf diese Weise sichergestellt, dass das Rätsel überhaupt lösbar ist. Die andere Möglichkeit besteht darin, mit einem leeren Gitter zu beginnen und eine Ziffer nach der anderen zufällig zu platzieren. Auch hier ist es logischerweise erforderlich, ständig (idealerweise nach jedem einzelnen Schritt) die eindeutige Lösbarkeit zu testen.

Beide Varianten sind so unvollkommen wie das Brute-Force-Löseverfahren. Sie führen, eine fehlerfreie Programmierung vorausgesetzt, zu einem technisch korrekten Resultat, d. h. zu einem eindeutig lösbaren Sudoku. Das Problem ist, dass der ästhetische Wert und die Schwierigkeit des Rätsels dabei unkontrollierbar sind und letztlich völlig dem Zufall überlassen werden.

Wenn ein – menschlicher – Rätselautor ein Sudoku erstellt, geht er dabei oft so vor, dass er mit einem leeren Gitter beginnt und dann nacheinander einzelne Ziffern bzw. kleine Ziffergruppen als Vorgaben hinzufügt. Die Platzierung der Vorgaben erfolgt dabei allerdings nicht zufällig, sondern mit der Zielstellung, konkrete Schritte in den Lösungsweg einzubauen. Dazu löst der Autor das Rätsel üblicherweise selbst parallel mit, d. h., nach jeder neuen Vorgabe ergänzt er die Ziffern, die sich aus den Vorgaben eindeutig direkt ergeben. Unter Umständen macht er sich auch noch detailliertere Notizen, die mit dem möglichen Einbau weiterer Lösungstechniken zusammenhängen.

Auch ein solches Vorgehen kann man einem Programm beibringen. Hier sind zwei Gefahrenaspekte zu berücksichtigen. Zum einen fehlt dem Computer die Kreativität, wenn es um das Einbauen von Lösungsschritten durch gezieltes Vorgeben von Ziffern geht. Man könnte wiederum ein willkürliches Zufallselement einprogrammieren (im Grunde genommen arbeitet auch der Mensch in dieser Phase teilweise zufällig), doch man sollte dafür sorgen, dass der Zufallsfaktor beim Entwurf des Sudokus nicht überhand nimmt.

Zum anderen muss man irgendwie darauf achten, dass der geplante Lösungsverlauf nicht durch weitere Vorgaben zerstört wird. Es kann sich leicht ergeben, dass eine Lösungstechnik, die bewusst eingebaut wurde, im späteren Verlauf des Rätselerstellens überflüssig wird, da neu hinzugekommene Vorgabeziffern andere Schritte ermöglichen, also gewissermaßen eine Abkürzung im Lösungsweg. Beides sind übrigens Probleme, die nicht nur für Sudokus gelten, sondern beim Erstellen von Rätseln vieler anderer Arten ebenfalls zutreffen.

Anders als beim reinen Lösen von Sudokus sind Computerprogramme hier noch nicht auf einem hohen Level angekommen; es gibt sehr wenige Programme, die wirklich hochwertige Sudokus (nach einer Beurteilung durch Menschen) erstellen können. Deswegen ist es in der Regel noch so, dass Sudokus, die bei Wettbewerben eingesetzt werden, handerstellt sind. Computer werden (wenn überhaupt) lediglich verwendet, um sicherzustellen, dass die Sudokus fehlerfrei und eindeutig lösbar sind.

Sudoku-Varianten

Bevor wir uns von den Sudokus abwenden, noch ein letzter kleiner Exkurs. Gerade bei Sudoku-Meisterschaften ist es heutzutage eher unüblich, ausschließlich Sudokus mit den Standardregeln zum Einsatz zu bringen. Stattdessen besteht ein solches Event häufig aus mehreren Runden, in denen den Teilnehmern nicht nur Standard-Sudokus, sondern auch Sudoku-Varianten gestellt werden. Dabei stimmen die Regeln im Wesentlichen mit den bekannten überein, es gibt jedoch jeweils eine kleine Modifikation oder Ergänzung.

Die Regeländerungen können extrem vielseitig sein. Eine der harmlosen Varianten ergibt sich, wenn die Gittergebiete, welche jede der Ziffern genau einmal enthalten sollen, nicht mehr die 3 × 3-Blockform, sondern beliebige Formen besitzen dürfen. Man spricht dann von *irregular sudo-*

kus (Unregelmäßigen Sudokus). Es ist weiterhin möglich, zusätzliche Gebietsrestriktionen hinzuzufügen; in einer anderen verbreiteten Variante wird z. B. gefordert, dass in jeder der beiden Hauptdiagonalen des Gitters jede Ziffer ebenfalls jeweils genau einmal stehen muss.

Die Größe ist wie alles Andere bei Sudokus eigentlich variabel. Die Gittergröße von 9 × 9 hat sich als Standard durchgesetzt, da sie eine angemessene Schwierigkeitsspanne gestattet und die Zerlegung in quadratische Blöcke sehr natürlich wirkt. Man trifft aber auch auf Sudokus der Ausmaße 6×6 oder 8×8 (mit rechteckigen Blöcken der Größe 2 × 3 bzw. 2 × 4) sowie gelegentlich in den Übergrößen 12 × 12 oder sogar 16 × 16 mit entsprechenden Blockzerlegungen.

In vielen Varianten kommen neben dem eigentlichen Gitter noch zusätzliche Anforderungen vor, die arithmetischer Natur sind. Beispielsweise könnte die Summe der Ziffern vorgegeben sein, die in bestimmte Feldergruppen einzutragen sind – diese noch relativ populäre Variante (siehe Abb. 7.4), welche bei geeigneter Konstruktion nicht einmal Vorgabeziffern benötigt, wird als *Killer-Sudoku* bezeichnet.

In anderen Varianten wird vorgeschrieben, dass sich gleiche Ziffern nicht diagonal berühren dürfen, dass benachbarte Ziffern sich nicht um 1 unterscheiden dürfen, dass bestimmte Felder nur gerade bzw. nur ungerade Ziffern enthalten dürfen, dass die Ziffern in vorgegebenen Regionen aufsteigend angeordnet sein dürfen oder noch vieles mehr. Bei ein paar exotischen Schöpfungen ist das Rätselgitter nicht einmal mehr quadratisch aufgebaut, was mitunter zu äußerst verrückten Kreationen führt. Der Fan-

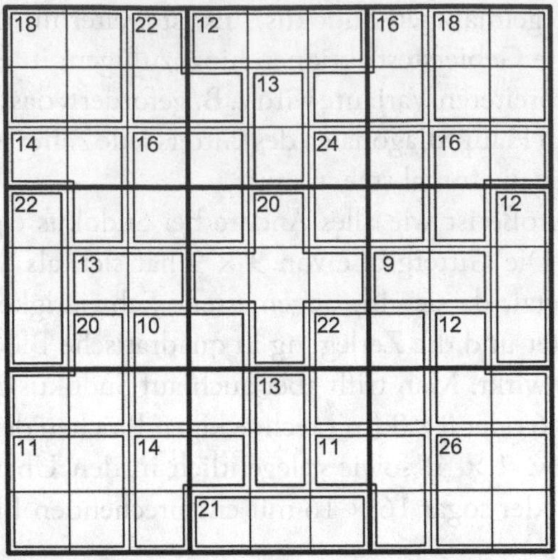

Abb. 7.4 Killer-Sudoku: Tragen Sie die Ziffern 1 bis 9 so ein, dass jede der Ziffern in jeder Zeile, jeder Spalte und jedem fett umrandeten Gebiet genau einmal vorkommt. Für jeden der dünn umrandeten Bereiche ist die Summe der einzutragenden Ziffern gegeben; in einem solchen Bereich darf keine Ziffer mehrfach vorkommen

tasie sind kaum Grenzen gesetzt, was das Erfinden neuer Sudoku-Varianten und das Entwerfen entsprechender Vertreter angeht.

Diverse Rätselfreunde führen einen eigenen Blog, in dem sie ihre Errungenschaften auf dem Gebiet des Rätselerstellens kostenlos mit anderen teilen. Ein bekanntes Beispiel ist der Blog von Fred Stalder, einem Schweizer Sudoku-Experten, der schon mehrmals an Sudoku-Weltmeisterschaften teilgenommen hat. Dort werden über 100 Sudoku-Varianten (mit Beispielen) aufgeführt. Und das ist nicht annähernd alles, was inzwischen in der Sudoku-Szene bekannt ist. In jedem Jahr werden neue Varianten erschaffen; manchmal werden diese auf nationalen oder internationalen Meisterschaften vorgestellt, gelegentlich finden sie sich einfach in den erwähnten Blogs wieder und werden ggf. später von anderen Rätselautoren wieder aufgegriffen.

Was die mathematischen Hintergründe der Sudoku-Varianten angeht, sehen diese natürlich anders als bei Standard-Sudokus. Grundsätzlich kann man sich die gleichen Fragen stellen, mit denen wir uns schon weiter oben beschäftigt haben, also die nach der Anzahl aller vollständig gelösten Gitter, der Anzahl wesentlich verschiedener Rätselgitter, der Minimalanzahl an Vorgaben usw. Im Prinzip müsste man sich die gleichen Fragen für jede einzelne Variante neu stellen, denn in der Regel lauten die Antworten für jede Variante anders. Praktisch tut das jedoch kein Mensch, denn es wäre angesichts der Vielzahl an Sudoku-Varianten einfach hoffnungslos zu viel Arbeit, und die Erkenntnisse würden ohnehin kaum einen Nutzen bieten.

Zum Abschluss dieses Kapitels noch ein Beispiel, das verdeutlichen soll, wie weit die mathematischen Erkenntnisse bei Varianten von denen bei Standard-Sudokus abweichen. Abbildung 7.5 zeigt ein Sudoku mit unregelmäßigen Gebieten (obwohl ein gewisses Muster klar erkennbar ist). Dieses Rätsel ist bereits mit acht Vorgabeziffern eindeutig lösbar. Weniger geht ersichtlich nicht, denn wenn zwei Ziffern überhaupt nicht vorkommen, so kann die Lösung nicht mehr eindeutig sein: Fehlen z. B. 8 und 9 als Vorgaben, so erhält man aus einer Lösung eine weitere, indem man alle Achten und Neunen vertauscht.

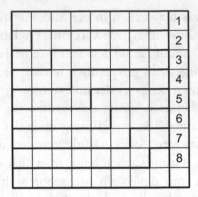

Abb. 7.5 Unregelmäßiges Sudoku: Tragen Sie die Ziffern 1 bis 9 so ein, dass jede der Ziffern in jeder Zeile, jeder Spalte und jedem fett hervorgehobenen Gebiet genau einmal vorkommt

8

Lateinische Quadrate

Wir verlassen die Welt der Sudokus und gehen auf eine etwas allgemeinere Klassen von Rätseltypen ein. In diesem Kapitel wollen wir uns nach wie vor mit der Aufgabe beschäftigen, die Zahlen von 1 bis n in ein quadratisches Gitter der Größe $n \times n$ einzutragen, so dass jede Zahl pro Zeile und pro Spalte genau einmal vorkommt, allerdings ohne die Zusatzbedingung, welche durch die Blockzerlegung des Gitters gegeben ist. Ein derartiges quadratisches Schema wird ein *Lateinisches Quadrat* genannt.

Die Bezeichnung geht vermutlich auf den Schweizer Mathematiker Leonhard Euler zurück, welcher Buchstaben des lateinischen Alphabets anstelle von Zahlen verwendete. Es ist bekannt, dass Euler das Problem untersuchte, 36 Offiziere mit sechs verschiedenen Rängen in einer quadratischen Anordnung so aufzustellen, dass jeder Rang in jeder Reihe genau einmal vertreten ist. Tatsächlich war Euler an einer noch komplexeren Aufgabenstellung interessiert, auf die wir später zurückkommen werden.

Das Problem, ein quadratisches Gitter mit einigen vorgegebenen Zahlen darin zu einem Lateinischen Quadrat zu ergänzen, kann man ohne weiteres als logisches Rätsel bezeichnen, denn wie bei einem Sudoku sind die Rätselregeln völlig objektiv und ohne Interpretationsspielraum. Genau

I. Althöfer, R. Voigt, *Spiele, Rätsel, Zahlen*, DOI 10.1007/978-3-642-55301-1_8,
© Springer-Verlag Berlin Heidelberg 2014

genommen sind Sudokus einfach nur Spezialfälle von Lateinischen Quadraten.

Die fehlende Regel, dass auch jeder Block (bei gegebener Gitterzerlegung) jede Zahl genau einmal enthalten muss, führt dazu, dass es insgesamt deutlich mehr Lateinische Quadrate als Sudokus gleicher Größe gibt. Ganz nebenbei sind Lateinische Quadrate dabei auch wesentlich flexibler, was ihre Abmessungen angeht, denn man kann sie praktisch in jeder Größe betrachten. Sudokus hingegen wirken weniger attraktiv, wenn die Blöcke nicht quadratisch sind; ist die Seitenlänge des Gitters eine Primzahl, so gibt es überhaupt keine regelmäßige Rechteckzerlegung (außer den trivialen, wo es sich bei den Blöcken um die Gitterzeilen bzw. -spalten handelt).

Allerdings sind Lateinische Quadrate als Rätsel gleichzeitig weniger gehaltvoll, da sie nicht so viele interessante Lösungstechniken gestatten. Denken wir nur einmal an die *naked singles*, also an gesicherte Zahlen in konkreten Feldern, welche sich dadurch ergeben, dass alle anderen Zahlen bereits in der gleichen Zeile, der gleichen Spalte oder dem gleichen Block vorkommen. Durch die drei verschiedenen Möglichkeiten wird eine dreidimensionale Sichtweise auf ein eigentlich zweidimensionales Problem geschaffen, welche für das Lösen hilfreich und mitunter auch erforderlich ist.

Die scheinbare Dreidimensionalität ist es, die das Wesen von Sudokus ausmacht. Im Vergleich dazu sind „normale" Lateinische Quadrate eher schlicht; viele andere Lösungstechniken benötigen ebenfalls die Blockzerlegung oder werden zumindest dadurch anspruchsvoller. Aus diesem Grund werden Lateinische Quadrate ohne Zusatzregeln bei Wettbewerben und insbesondere Rätselmeisterschaften praktisch nie gestellt.

Rätselarten in Lateinischen Quadraten

Es gibt eine Reihe von logischen Rätseln, die auf Lateinischen Quadraten aufbauen. Gelegentlich stößt man auf Rätsel, bei denen die einzige Zusatzbedingung darin besteht, dass auch in jeder der beiden Hauptdiagonalen jede Zahl genau einmal vorkommen muss. Abbildung 8.1 zeigt ein – gemessen an seiner Größe und der Einfachheit der Regeln – beachtlich schweres Exemplar.

Wenn man die Terminologie von Sudokus übernimmt, stellt man fest, dass es hier zu Beginn überhaupt keine *naked singles* oder *hidden singles* gibt. Das Schwierigste bei dem Rätsel in Abb. 8.1 ist der Einstieg; hat man erst einmal ein paar Ziffern gefunden, dann wird der Rest immer leichter.

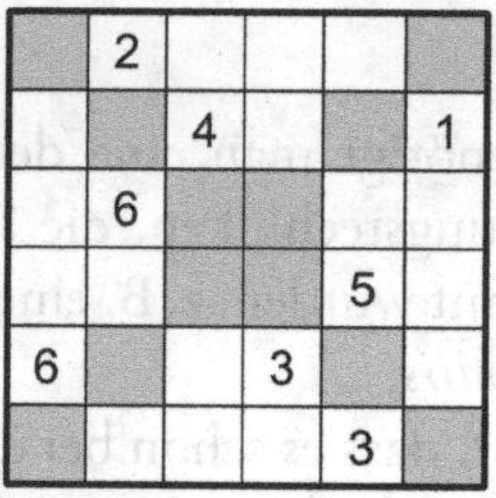

Abb. 8.1 Lateinisches Quadrat mit Diagonalen: Tragen Sie die Ziffern 1 bis 6 so ein, dass jede der Ziffern in jeder Zeile, jeder Spalte und jeder der beiden grau hervorgehobenen Diagonalen genau einmal vorkommt

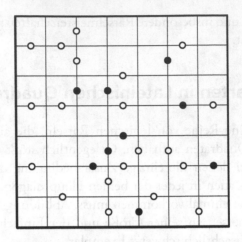

Abb. 8.2 Kropki: Tragen Sie die Ziffern 1 bis 7 so ein, dass jede der Ziffern in jeder Zeile und jeder Spalte genau einmal vorkommt. Dabei sollen die folgenden Zusatzbedingungen erfüllt sein: Befindet sich zwischen zwei Feldern ein weißer Punkt, so ist eine der beiden Zahlen um 1 größer als die andere. Befindet sich zwischen zwei Feldern ein schwarzer Punkt, so ist eine der beiden Zahlen genau doppelt so groß wie die andere. Befindet sich zwischen zwei Feldern kein Punkt, so darf keine der beiden Bedingungen zutreffen

Für den Anfang benötigt man eine der fortgeschrittenen „unsichtbaren" Lösungstechniken, die im vorigen Kapitel über Sudokus erwähnt wurden, z. B. eine Kombination von mehreren *pointing pairs*.

Beachtenswert ist, dass es schon bei dieser geringen Gittergröße möglich ist, sehr komplizierte Rätsel zu erstellen. Lateinische Quadrate mit Zusatzregeln sind überraschend unflexibel, was das Vertauschen von kleinen Ziffergruppen wie in Abb. 7.3 angeht. Und die Anzahl der für eindeutige

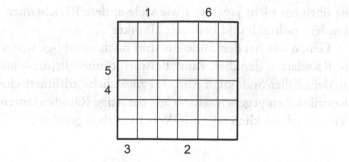

Abb. 8.3 Hochhausrätsel: Tragen Sie die Ziffern 1 bis 6 so ein, dass jede der Ziffern in jeder Zeile und jeder Spalte genau einmal vorkommt. Jede Ziffer im Gitter soll dabei ein Haus der entsprechenden Höhe darstellen. Die Zahlen außerhalb des Gitters geben an, wie viele Häuser in der jeweiligen Zeile bzw. Spalte von dieser Position aus gesehen werden können; dabei zählt ein Haus als sichtbar, wenn sich nirgendwo davor ein höheres befindet

Lösbarkeit mindestens notwendigen Ziffern liegt erstaunlich niedrig, wie das Beispiel schon zeigt.

Dennoch sind Lateinische Quadrate allein mit der zusätzlichen Diagonalbedingung nicht sehr verbreitet und kommen in Rätselwettbewerben nahezu niemals vor. Denn sie sind einfach zu eng mit den Sudokus, der wesentlich bekannteren Rätselart, verwandt und erfordern die gleichen Denkweisen.

Stattdessen gibt es diverse andere Rätselarten, die auf Lateinischen Quadraten basieren. In den Abb. 8.2 und 8.3 sind zwei Rätselexemplare mit Regeln zu sehen, die bei Rätselmeisterschaften regelmäßig anzutreffen sind, nämlich *Kropki* und *Hochhausrätsel*. Die Bezeichnung *Kropki* ist übrigens nicht japanisch wie viele andere Rätselnamen, sondern polnisch und bedeutet „Punkte".

Genau wie bei den Sudokus sind noch unzählige weitere Rätselarten denkbar. Zum Beispiel können in Analogie zu dem Killer-Sudoku in Abb. 7.4 zusätzliche arithmetische Restriktionen gegeben sein. Viele derartige Rätselvarianten hat es auch wirklich schon in Wettbewerben gegeben.

Griechisch-Lateinische Quadrate

Wir kehren noch einmal zurück zu der Problemstellung Eulers, 36 Offiziere mit sechs verschiedenen Rängen in einem Lateinischen Quadrat anzuordnen. Natürlich fand Euler schnell heraus, dass dies allein einfach möglich ist. Er beschäftigte sich allerdings auch mit einem noch komplizierteren Problem, in dem die 36 Offiziere aus sechs verschiedenen Regimentern stammen sollten, wobei jede Kombination aus Dienstgrad und Regiment genau einmal vorkommen sollte. In der komplexeren Aufgabenstellung war es sein Ziel, eine quadratische Aufstellung der 36 Offiziere zu finden, bei der sowohl jeder Rang als auch jedes Regiment einmal pro Zeile und pro Spalte vertreten sein sollte.

Das Problem lässt sich abstrakt wie folgt formulieren: In ein Quadrat der Größe 6 × 6 sollen 36 verschiedene zweistellige Zahlen eingetragen werden, die nur die Ziffern 1 bis 6 enthalten. Sowohl in der Zehnerstelle als auch in der Einerstelle soll dabei jede der sechs Ziffern genau einmal in jeder Zeile und in jeder Spalte vorkommen. (Bei geeigneter Kodierung der Dienstränge und der Regimenter könnte also die Zehnerstelle für das Regiment und die Einerstelle für den Rang des jeweiligen Offiziers stehen.)

Eine Anordnung mit diesen Eigenschaften wird *Griechisch-Lateinisches Quadrat* (mitunter auch *Orthogonales Lateinisches Quadrat* oder *Euler-Quadrat*) genannt. Hintergrund dafür ist der Umstand, dass Euler selbst anstelle von zweistelligen Zahlen Paare aus griechischen und lateinischen Buchstaben für die Einträge in einem solchen Quadrat verwendet hat.

Die Definition eines Griechisch-Lateinischen Quadrats ist offenbar nicht an die exakte Größe 6 × 6 geknüpft, sondern lässt sich auf alle Größen $n \times n$ verallgemeinern. Lediglich bei der Darstellung muss man etwas flexibler sein und als Einträge abstrakte Zahlenpaare (a, b) mit $1 \leq a, b \leq n$ anstelle von zweistelligen Zahlen wählen.

Euler fand ein festes Schema, nach dem es möglich war, Griechisch-Lateinische Quadrate beliebiger ungerader Größe zu erzeugen. Eine entsprechende Anordnung der Größe 7 × 7 ist in Abb. 8.4 zu sehen.

Auch für alle durch 4 teilbaren Zahlen gelang es Euler schließlich, ein Griechisch-Lateinisches Quadrat der entsprechenden Größe zu finden; lediglich für die Situation eines 6 × 6-Quadrats war er nicht erfolgreich. Er stellte die Hypothese auf, dass für die Seitenlängen $4n + 2$ mit ganzzahligem n keine Griechisch-Lateinischen Quadrate existieren sollten.

Im Jahr 1959 wurde der Beweis erbracht, dass Eulers Vermutung in ihrer Allgemeinheit falsch war. Zuerst konstruierten die beiden indischen Mathematiker Bose und Shrikhande ein Gegenbeispiel der Größe 22 × 22, anschließend fand ihr amerikanischer Kollege Parker mit Computerhil-

11	25	32	46	53	67	74
22	36	43	57	64	71	15
33	47	54	61	75	12	26
44	51	65	72	16	23	37
55	62	76	13	27	34	41
66	73	17	24	31	45	52
77	14	21	35	42	56	63

Abb. 8.4 Griechisch-Lateinisches Quadrat der Größe 7 × 7

fe ein Griechisch-Lateinisches Quadrat der Größe 10 × 10. Kurze Zeit später erbrachten sie zu dritt den Nachweis, dass sich für jede Seitenlänge $4n+2$ mit $n \geq 2$ ein Gegenbeispiel finden lässt.

Für die Größe 6 × 6 existiert allerdings tatsächlich kein Griechisch-Lateinisches Quadrat; diese Aussage war bereits 1901 verifiziert worden. Die Feststellung Eulers war also zumindest in diesem Punkt korrekt gewesen.

Griechisch-Lateinische Quadrate lassen sich ebenfalls in die Kategorie der logischen Rätsel einordnen, sie kommen dort allerdings extrem selten vor. Das Problem bei ihrem Einsatz als Wettbewerbsrätsel ist, dass sie extrem unübersichtlich sind. Infolge ihrer strikten strukturellen Anforderungen genügen bereits äußerst wenige Einträge, damit die Lösung eindeutig wird. Doch die Lösungen lassen sich nur schwer per Hand und ohne ein tiefes Verständnis der dahinterliegenden mathematischen Grundlagen finden.

Insofern müsste man, um interessante Rätsel aus Griechisch-Lateinischen Quadraten zu gestalten, deutlich mehr Zahlen als notwendig vorgeben. Die Lösungstechniken sind dann aber wiederum stark mit denen bei Sudokus oder den „einfachen" Lateinischen Quadraten verwandt und insofern wenig reizvoll für Rätsellöser.

Mathematische Zugänge zu Lateinischen Quadraten

Wenn wir einmal die Frage außer Acht lassen, inwiefern Lateinische Quadrate für Rätselfreunde interessant sein können, haben sie aus mathematischer Sicht sehr viel zu bieten. Spannende Fragen, die wir uns analog für Sudokus bereits im vorigen Kapitel gestellt haben, betreffen zum Beispiel die Anzahlen von Lateinischen Quadraten oder von wesentlich verschiedenen Lateinischen Quadraten (eine ähnliche Definition wie bei Sudokus vorausgesetzt) sowie die Anzahl der für eindeutige Lösbarkeit mindestens notwendigen Vorgaben.

Schon die Bestimmung der Gesamtzahl an verschiedenen Lateinischen Quadraten einer festen Größe ist eine sehr schwierige Angelegenheit. Im Gegensatz zu Sudokus, bei denen man sich hauptsächlich für die Standardgröße 9×9 interessiert, sucht man hier nach einer allgemeinen Formel. Bisher sind lediglich die konkreten Anzahlen bis zur Größe 11×11 sowie darüber hinaus äußerst grobe obere und untere Schranken bekannt.

Wenn man bedenkt, wie viele (exakte oder geschätzte) Resultate von anderen Problemstellungen im Zusammenhang mit Rätseln und Spielen – gegebenenfalls mit Computerhilfe – erzielt wurden, ist das ein bemerkenswerter Zustand. Beispielsweise wurde ermittelt, dass die Anzahl aller möglichen Positionen im Schach in der Größenordnung von 10^{47} und im Go, gespielt auf einem 19×19-Brett, in der Größenordnung von 10^{171} liegt. Was die Anzahl der Lateinischen Quadrate der Größe 19×19 angeht, weiß man nicht viel mehr, als dass sie irgendwo zwischen 10^{187} und 10^{214} liegt.

Die Ungenauigkeit hierbei ist frappierend. Wie kommt es, dass bei einem Problem mit so präzisen Regeln und Restriktionen ein so unbefriedigendes Ergebnis vorliegt? Im Computerzeitalter liegt das sicher nicht an der fehlenden Verfügbarkeit elektronischer Hilfsmittel. Es stellte sich vielmehr heraus, dass es unglaublich schwer ist, einen präzisen Algorithmus zum Abzählen aller Lateinischen Quadrate zu finden.

Die Aussage bedarf sicher einer genaueren Erklärung. Zum Verständnis der kombinatorischen Gedankengänge wollen wir ein viel einfacheres Beispiel heranziehen. Stellen wir uns die Frage, wie viele verschiedene Skatblätter es gibt, also wie viele Möglichkeiten, 10 Spielkarten aus 32 auszuwählen.

Wenn wir 10 Karten der Reihe nach aufnehmen, gibt es 32 Möglichkeiten für die erste Karte, dann 31 für die zweite (und zwar für jede Wahl der ersten), dann 30 für die dritte, und so weiter. Daraus ergeben sich insgesamt $32 \cdot 31 \cdot \ldots \cdot 23 = \frac{32!}{22!} = 234.102.016.512.000$ Möglichkeiten, also rund $2{,}34 \cdot 10^{14}$.

Hierbei ist jedoch noch zu berücksichtigen, dass die Reihenfolge, in der wir die Karten aufnehmen, irrelevant ist. Zu jedem Blatt, das aus 10 Karten besteht, gibt es $10! = 3.628.800$ Permutationen und folglich genauso viele Varianten, die Karten in irgendeiner Reihenfolge aufzunehmen. Durch diesen Faktor muss man noch das vorige Resultat dividieren. Das Endergebnis ist gleich $\frac{32!}{22! \cdot 10!} = 64.512.240$, also etwa 64,5 Millionen. Derartige Abzählargumente sind typisch für kombinatorische Rechenaufgaben, und es liegt der Gedanke nahe, dass man zur Bestimmung der Anzahl aller Lateinischen Quadrate einer fest vorgegebenen Größe nur das geeignete Abzählverfahren finden muss. Und genau da liegt der Hund begraben; eine exakte Zählweise dieser oder ähnlicher Art zu finden, die für alle Gittergrößen gleichermaßen funktioniert, ist bisher niemandem gelungen.

Wir wollen versuchen, auf die gleiche Weise alle Möglichkeiten abzuzählen, ein Lateinisches Quadrat aufzubauen. Wenn man der Reihe nach die Felder der ersten Spalte von einem Ende bis zum anderen mit Zahlen füllt, gibt es dafür $n!$ Möglichkeiten, wobei n die Seitenlänge des Quadrats bezeichnet.

Leider stoßen wir schon bei der zweiten Spalte auf ein kleines Problem, wenn wir das Verfahren fortsetzen wollen. Im ersten Feld der zweiten Spalte können $n-1$ verschiedene Zahlen eingetragen werden. Wie viele Möglichkeiten es für das zweite Feld gibt, hängt nun davon ab, ob die unmittelbar vorangegangene Zahl die gleiche wie in dem nebenstehenden Feld oder eine andere ist; es können $n-1$ oder $n-2$ mögliche Einträge sein. Mit dem Rest der Spalte verhält es sich ähnlich.

1	2	34	34
2	3	41	41
3	4	12	12
4	1	23	23

1	2	34	34
2	1	34	34
3	4	12	12
4	3	12	12

Abb. 8.5 Möglichkeiten zur Füllung eines Lateinischen Quadrats abhängig von den bereits eingetragenen Zahlen

Aber nehmen wir an, wir hätten für die Möglichkeiten, die zweite Spalte zu füllen, auch noch einen exakten Term in Abhängigkeit von der Variablen n gefunden. Spätestens ab der dritten Spalte ist das Problem nicht mehr eindeutig lösbar, und für jede weitere Spalte wird die präzise Anzahl der Möglichkeiten durch die Füllung aller vorigen Spalten beeinflusst. Zur Untermauerung dieser Aussage betrachten wir Abb. 8.5.

Wenn man sich in dem linken Diagramm in Abb. 8.5 ein beliebiges Feld in der rechten Gitterhälfte auswählt und dort eine einzige Ziffer einträgt, folgen die restlichen sieben Ziffern automatisch. Da es für das ausgewählte Feld genau zwei Möglichkeiten gibt, eine Ziffer einzutragen, existieren ausgehend von den ersten beiden Spalten auch genau zwei vervollständigte Lateinische Quadrate.

Man kann sich leicht davon überzeugen, dass es in dem rechten Diagramm vier verschiedene Vervollständigungen gibt, nämlich zwei für den rechten oberen 2×2-Block und unabhängig davon zwei für den rechten unteren Block. Die Diskrepanz zwischen beiden Diagrammen ergibt sich dadurch, dass die bereits vorhandenen Ziffern im rechten Diagramm gewissermaßen in zwei Blöcke und die zugehörigen

Gruppen zu je zwei Ziffern zerfallen, während eine analoge Aufteilung im linken Diagramm nicht möglich ist.

Dieser Effekt ist es, welcher den Abzählprozess so kompliziert gestaltet. Es ist sicher gut vorstellbar, dass die Komplexität der hier vorgestellten Problematik mit wachsender Gittergröße rasant zunimmt. Eine allgemeine Formel aus dem obigen Vorfahren direkt abzuleiten, ist daher unmöglich.

In Analogie zu Sudokus wollen wir zwei Lateinische Quadrate der Größe $n \times n$ *wesentlich verschieden* nennen, wenn sie nicht durch eine Hintereinanderausführung der folgenden Operationen ineinander überführt werden können:

- Permutation der Ziffern von 1 bis n im gesamten Gitter;
- Permutation der n Zeilen des Gitters;
- Permutation der n Spalten des Gitters;
- Drehungen und Spiegelungen des Gitters.

Da die von Sudokus bekannte Blockzerlegung nicht mehr vorliegt, sind hier sämtliche Zeilen- bzw. Spaltenpermutationen erlaubt.

Für die Anzahl wesentlich verschiedener Lateinischer Quadrate gilt das gleiche wie für die Anzahl Lateinischer Quadrate allgemein: Die exakten Werte sind nur bis einschließlich $n = 11$ bekannt. So gibt es zum Beispiel 5.524.751.496.156.892.842.531.225.600 Lateinische Quadrate der Größe 9×9 und 377.597.570.964.258.816 wesentlich verschiedene Lateinische Quadrate der gleichen Größe (also etwa $5{,}5 \cdot 10^{27}$ bzw. $3{,}8 \cdot 10^{17}$).

Minimale Vorgaben

Die Frage nach der minimalen Anzahl an Einträgen, die für eindeutige Lösbarkeit notwendig sind, ist ebenfalls nur für kleine Werte gelöst und maschinell geprüft. Dabei mangelt es nicht an Bemühungen; in diversen wissenschaftlichen Veröffentlichungen werden bereits obere und untere Schranken genannt, welche allerdings nicht annähernd so präzise sind, wie man vielleicht hoffen mag.

In Abb. 8.6 sind mehrere 5 × 5-Quadrate mit einigen vorgegebenen Ziffern gezeigt, die sich alle eindeutig zu einem Lateinischen Quadrat ergänzen lassen. (Zufällig handelt es sich bei der Vervollständigung in allen drei Fällen um das gleiche Lateinische Quadrat.) Die Vorgaben im linken oberen Quadrat sind nach einem offensichtlichen Muster eingetragen, welches sich auf beliebige Größen verallgemeinern lässt. Es führt zu der Erkenntnis, dass bei einem $n \times n$-Quadrat immer $\frac{n \cdot (n-1)}{2}$ Vorgaben ausreichen können.

Diese Schranke kann allerdings deutlich unterboten werden. Man stellt beispielsweise leicht fest, dass dieses konkrete Lateinische Quadrat eindeutig lösbar wird, wenn die ersten beiden Zeilen und Spalten vollständig gegeben sind. Die Vorgaben im rechten oberen Quadrat sind ausreichend, um diese Zeilen und Spalten zu liefern, und dadurch wird der Rest der Lösung ebenfalls eindeutig.

Es ist deutlich schwerer, ein solches Muster ebenfalls auf andere Gittergrößen zu verallgemeinern; wir werden in Kürze auf sehr ähnliche Problemstellungen zurückkommen. Zu berücksichtigen ist dabei, dass ein vergleichbares Muster allein, selbst wenn es perfekt ausgearbeitet ist, nie als Beweis

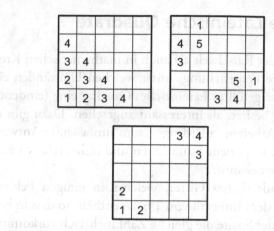

Abb. 8.6 Eindeutig lösbare Lateinische Quadrate der Größe 5 × 5

dafür herhalten kann, dass eine bestimmte Anzahl an Vorgaben das Minimum darstellt. Denn es ist immer möglich, dass schon eine geringere Anzahl genügt, welche sich nicht aus dem Muster ergibt.

Diesen Sachverhalt soll das dritte Gitter in Abb. 8.6 demonstrieren. Hier sind nur sechs Einträge vorgegeben, und zwar nicht in Anlehnung an die Anordnungen in einem der beiden anderen Gitter, sondern nach einem neuen Schema, und dennoch hat das zugehörige Rätsel eine eindeutige Lösung. Sechs Vorgaben stellen für Lateinische Quadrate der Größe 5 × 5 tatsächlich das Minimum dar.

Partielle Lateinische Quadrate

Sowohl in der Rätselwelt als auch in mathematischen Kreisen wird die Fragestellung, unter welchen Umständen ein erst teilweise gefülltes Lateinisches Quadrat eine (eindeutige) Lösung besitzt, als interessant angesehen. Dazu gibt es zahlreiche Arbeiten, allerdings kaum umfassende Antworten. Selbst für spezielle Situationen sind bisher relativ wenige Resultate bekannt.

Ein quadratisches Gitter, welches in einigen Feldern Zahlen aus dem Intervall von 1 bis n enthält, so dass in keiner Zeile oder Spalte die gleiche Zahl mehrfach vorkommt, wird ein *partielles Lateinisches Quadrat* genannt. Ein universell anwendbares und gleichzeitig einfach verständliches Kriterium zur Lösbarkeit von partiellen Lateinischen Quadraten gibt es nicht und wird es wohl auch niemals geben; dazu sind diese Strukturen zu komplex.

Daher haben Mathematiker begonnen, ausgewählte Spezialfälle zu analysieren. Zum Beispiel ist bekannt, dass ein partielles Lateinisches Quadrat der Größe $n \times n$ immer lösbar ist, wenn höchstens $n - 1$ Einträge vorgegeben sind. Diese Aussage ist nicht besonders überraschend; unter dieser Voraussetzung kommt für jedes Feld mindestens ein *candidate* in Frage, und es ist unmöglich, eine Konstellation zu erzeugen, in der irgendeine Zahl in einer Zeile oder Spalte sofort überhaupt keinen Platz mehr findet.

Klar ist weiterhin, dass ein partielles Lateinisches Quadrat niemals eindeutig lösbar sein kann, wenn höchstens $n - 2$ Zahlen im Gitter stehen. Denn daraus folgt sofort, dass wenigstens zwei Zahlen aus dem Intervall von 1 bis n

überhaupt nicht gegeben sind; aus einer eventuell vorhandenen Lösung kann man dann auf jeden Fall eine zweite erzeugen, indem man zwei derartige Zahlen hernimmt und in der kompletten ersten Lösung gegeneinander austauscht. Folglich besitzen partielle Lateinische Quadrate mit so wenigen Vorgaben immer mindestens zwei Lösungen.

Darüber hinaus sind alle partiellen Lateinischen Quadrate mit exakt n Vorgaben bekannt, die keine Lösung mehr besitzen. Es handelt sich um genau diejenigen Konstellationen, bei denen entweder ein Feld überhaupt keine *candidates* mehr besitzt oder in einer konkreten Zeile oder Spalte eine bestimmte Zahl überhaupt keinen möglichen Platz mehr hat.

Wir wollen ein partielles Lateinisches Quadrat *widersprüchlich* nennen, wenn es trotz Einhaltung der Regeln bei den Vorgaben nicht zu einem vollständigen Lateinischen Quadrat aufgefüllt werden kann. Verwenden wir wieder die Terminologie der Sudokus, so besagt die Aussage im vorigen Absatz im Prinzip, dass ein Widerspruch nur vorliegen kann, wenn er sich schon bei der Suche nach *naked singles* oder *hidden singles* zeigt.

Ein *naked single* war, wie wir uns erinnern, ein Gitterfeld, in das nur noch ein einziger *candidate* passt; ein Widerspruch bei der Anwendung dieser Technik wäre also ein Feld gänzlich ohne *candidates*. Unter einem *hidden single* verstanden wir das Vorkommen einer Gitterzeile oder -spalte mit der Eigenschaft, dass eine bestimmte Zahl dort nur noch an einer Stelle platziert werden kann; ein Widerspruch würde auftreten, wenn wir eine Zeile bzw. eine Spalte finden, in die eine bestimmte Zahl überhaupt nicht mehr eingetragen werden kann. Das zuvor vorgestellte Resultat bedeutet al-

1	2	3		
		4		
			4	

		5	4	
				3
				2
				1

Abb. 8.7 Partielle Lateinische Quadrate der Größe 5×5 mit genau fünf Vorgaben, die sich nicht vervollständigen lassen

so, dass diese beiden Arten von Widersprüchen die einzigen sind, die sich aus genau n Vorgaben bilden lassen.

Beide Situationen sind in Abb. 8.7 dargestellt. Im linken Gitter ist klar, dass die Zahl 4 nirgends in der obersten Zeile platziert werden kann. Im rechten Gitter ist die andere Art des Widerspruchs zu sehen: Für das Gitterfeld in der rechten oberen Ecke kommt keine einzige Zahl mehr in Frage.

Schon ab $n + 1$ Vorgaben (in beliebiger Anordnung) ist das Problem so unübersichtlich, dass kaum noch Bemühungen bestehen, die Widerspruchssituationen zu klassifizieren. Stattdessen werden solche partiellen Lateinischen Quadrate auf Lösbarkeit – und gegebenenfalls auf Eindeutigkeit der Lösung – untersucht, in denen die bereits bekannten Zahlen nach speziellen Mustern angeordnet sind, z. B. so, dass sie einen exakt rechteckigen Teilbereich des Gitters bilden oder dass der noch leere Bereich rechteckig ist.

Obwohl der Ausgangspunkt für die Nachforschungen sicher nicht die logischen Rätsel waren, sind diese Fragestellungen in der Rätselwelt hochinteressant. Es ist nicht unüblich, dass bei Rätseln in Lateinischen Quadraten besondere Zusatzbedingungen gestellt werden, die sich genau auf einzelne Zeilen oder Spalten beziehen. Restriktionen arithmetischer oder sonstiger Natur für die Anordnung der Zahlen in ausgewählten Zeilen bzw. Spalten kommen in diversen Rätseltypen vor, wie es beispielweise bei dem Hochhausrätsel in Abb. 8.3 der Fall ist.

Eine solche Restriktion allein kann, selbst wenn sie so informativ wie nur möglich ist, niemals mehr als nur den sicheren Inhalt einer einzigen Zeile oder Spalte des Gitters zur Folge haben. Anders gesagt, mit k Restriktionsvorgaben können sich unmittelbar bestenfalls k Zeilen oder Spalten des Gitters eindeutig ergeben, und der Rest der Lösung folgt, wenn überhaupt, nur aus der Standardregel für Lateinische Quadrate, dass keine Zeile oder Spalte eine Ziffer mehrfach enthalten darf. Die Frage stellt sich nun, wie viele Zeilen- oder Spaltenrestriktionen dieser Art ein Rätsel mindestens enthalten muss, um eindeutig lösbar zu sein.

Lösbarkeit bei bestimmten Vorgabemustern

Eine abstraktere Formulierung wäre die folgende: Wenn in einem partiellen Lateinischen Quadrat genau a Spalten und b Zeilen (mit $1 \leq a, b \leq n$) komplett bekannt und keine weiteren Einträge vorgegeben sind, wie groß muss $a + b$ mindestens sein, damit eine eindeutige Vervollständigung existieren kann? Eng verwandt damit ist die Frage, wie groß $a + b$ höchstens sein darf, damit die Existenz von mindestens einer Lösung garantiert werden kann.

Für die folgenden Überlegungen soll vereinfacht angenommen werden, dass die Spalten immer von links beginnend und die Zeilen von unten beginnend vorgegeben sind. Offenbar kann man das allgemeine Problem auf diesen Fall zurückführen, indem man die Zeilen und/oder die Spalten des Gitters geeignet permutiert, was zu einer äquivalenten Problemstellung führt.

Wir wollen zunächst den Spezialfall $b = 0$ betrachten, d. h. in einem partiellen Lateinischen Quadrat sollen genau a Spalten vorgegeben und die restlichen Spalten leer sein. Unter diesen Umständen ist bereits bekannt, dass eine Lösung immer existiert, wenn $a < n$ gilt. Sind z. B. in einem Quadrat der Größe 7×7 bis zu sechs Spalten mit Vorgaben gefüllt, so lässt sich der Rest auf jeden Fall ergänzen. Es ist ersichtlich, dass im Fall $a = n - 1$ dann genau eine Lösung existiert, und man stellt unschwer fest, dass es wiederum mehrere Lösungen geben muss, wenn $a \leq n - 2$ gilt. (In dem Fall kann man – ähnlich wie bei dem Vorgehen mit Ziffernpermutationen – aus einer bekannten Lösung weitere erzeugen, indem man die Spalten vertauscht, die noch nicht vorgegeben waren.)

Der Existenzbeweis für Lösungen besitzt ein möglicherweise überraschendes Maß an Abstraktion. Er verwendet eine Aussage aus der Graphentheorie und wurde erstmals 1945 von dem amerikanischen Mathematiker Marshall Hall veröffentlicht.

Der allgemeinere Fall, in dem a und b beide positiv sind, ist viel schwieriger zu behandeln. Er ist sogar so kompliziert, dass wiederum nur eine Handvoll allgemeiner Ergebnisse bekannt sind. Die wenigen exakten Erkenntnisse, die zur

5	1			
4	5			
3	4			
2	3	4	5	1
1	2	3	4	5

Abb. 8.8 Eindeutig lösbares partielles Lateinisches Quadrat der Größe 5 × 5 mit jeweils zwei vorgegebenen Zeilen und Spalten

Zeit vorliegen, funktionieren nur für kleine Werte von a, b bzw. n, und darüber hinaus sind wieder nur grobe Schranken bekannt.

Zur Veranschaulichung wollen wir uns ein ganz konkretes Lateinisches Quadrat ansehen. Wir schreiben in Spalte i und Zeile j – von links bzw. von unten gezählt – den Eintrag $i + j$, falls dieser nicht größer als n ist, andernfalls $i + j - n$. (Man kann sich leicht davon überzeugen, dass es sich wirklich um ein Lateinisches Quadrat handelt.) Dieses Quadrat ergibt sich bereits eindeutig aus den ersten a Spalten und den ersten b Spalten, wenn $a + b = n - 1$ gilt.

In Abb. 8.8 ist der Sachverhalt für die Werte $n = 5$ und $a = b = 2$ dargestellt. (Die Anordnung ist teilweise identisch mit denen in Abb. 8.6 und führt zu genau der gleichen Vervollständigung.) Zur Lösung sei angemerkt, dass sich in der ersten freien Zeile ganz rechts und in der ersten freien Spalte ganz oben zwei *naked singles* befinden, aus denen sofort weitere folgen. Beginnt man an einer der beiden Stellen, dann ergeben sich ausgehend von dem jeweiligen Punkt die restlichen Einträge, einer nach dem anderen – wie fallende Dominosteine.

5	4			
4	5			
3	1			
2	3	1	5	4
1	2	3	4	5

Abb. 8.9 Unlösbares partielles Lateinisches Quadrat der Größe 5 × 5 mit jeweils zwei vorgegebenen Zeilen und Spalten

Das gleiche Verfahren funktioniert für das analoge Lateinische Quadrat in jeder beliebigen Gittergröße, solange die Bedingung $a + b = n - 1$ erfüllt bleibt. Für $a = n - 1$ und $b = 0$ stößt man dabei auf die von Hall untersuchte Situation.

Man könnte auf die Idee kommen, dass generell $n - 1$ der Schwellenwert für die Summe $a + b$ ist, ab dem eine allgemeine Aussage zur (eindeutigen) Lösbarkeit dieses Problems getroffen werden kann. Das ist jedoch ein Irrtum, wie Abb. 8.9 zeigt.

Schon eine geringe Umordnung der vorgegebenen Ziffern bei den gleichen Werten für a und b führt dazu, dass das partielle Lateinische Quadrat überhaupt keine Lösung mehr besitzt. Konkret enthalten die beiden rechten Felder in der dritten Zeile nur den gleichen einzelnen *candidate*, nämlich die Ziffer 2, was zu einem Widerspruch führt. Das Gleiche gilt für die beiden oberen Felder in der dritten Spalte. Im Gegensatz zu der weiter oben diskutierten Problematik bei insgesamt genau n vorgegebenen Zahlen lassen sich hier anscheinend Widersprüche konstruieren, die tiefer als nur in der Suche nach *naked singles* und *hidden singles* liegen.

8	6	7					
7	8	6					
6	7	8					
5	1	2					
4	5	1					
3	4	5	1	2	8	6	7
2	3	4	5	1	7	8	6
1	2	3	4	5	6	7	8

Abb. 8.10 Unlösbares partielles Lateinisches Quadrat der Größe 8 × 8 mit jeweils drei vorgegebenen Zeilen und Spalten

Der Wert $n - 1$ kann noch unterboten werden, wie man in Abb. 8.10 sieht. Hier sind zusammen nur $n - 2$ Zeilen und Spalten gefüllt, doch ähnlich wie im vorigen Beispiel ergibt sich aus den vorhandenen Einträgen schon ein Widerspruch. Insofern ist der Ausdruck $n - 1$ als vermeintliche Schranke nicht annähernd gut genug, um eine allgemeine Aussage zur Lösbarkeit von partiellen Lateinischen Quadraten dieser Gestalt machen zu können.

Übrigens ist in dem Fall, dass sich eine Lösung finden lässt, deren Eindeutigkeit noch lange nicht selbstverständlich. Es existieren Lateinische Quadrate, bei denen selbst dann noch mehrere Lösungen existieren, wenn bis auf vier Einträge das Gitter vollständig gefüllt ist (siehe auch Abb. 7.3). Insofern kann man natürlich auch Beispiele konstruieren, in denen die Beziehungen $a = b = n - 2$ und damit $a + b = 2n - 4$ erfüllt sind, eine eindeutige Lösung jedoch nicht vorliegt.

Fortschritte bei der Suche nach allgemeinen Ausdrücken in Abhängigkeit von n werden äußerst schleppend erzielt. Im Jahr 2008 veröffentlichten die drei australischen Mathematiker Adams, Bryant und Buchanan eine Arbeit, in der sie bewiesen, dass ein partielles Lateinisches Quadrat mit jeweils zwei vorgegebenen Zeilen und Spalten immer lösbar ist, wenn $n \geq 6$ gilt.

Das Resultat ist insofern beachtlich, als es für unendliche viele Werte von n gilt. Andererseits ist die Aussage leider nicht ohne deutlichen Zusatzaufwand auf größere Werte von a und b übertragbar. Der Umstand, dass aus dem gesamten Reich der natürlichen Zahlen der Fall $a = b = 2$ der schwierigste erfolgreich behandelte Fall ist, unterstreicht noch einmal die Komplexität der Probleme beim Umgang mit Lateinischen Quadraten.

Am Rande sei angemerkt, dass für eine weiter vorn erwähnte, sehr ähnliche Problemstellung eine wesentlich präzisere Aussage bekannt ist. Wenn ein partielles Lateinischen Quadrat genau einen rechteckigen Vorgabenbereich der Breite a und der Höhe b (also mit $a \cdot b$ eingetragenen Zahlen) enthält, so existiert genau dann eine Vervollständigung, wenn darunter jede Zahl von 1 bis n mindestens $(a + b - n)$-mal vorkommt.

Dieser Satz geht auf Herbert John Ryser zurück, einen amerikanischen Mathematiker des 20. Jahrhunderts, welcher sich hauptsächlich mit kombinatorischen Problemen beschäftigte. Der Beweis wurde erstmals 1951 vorgestellt; er verallgemeinert Halls Resultat von 1945.

Nach dieser Erkenntnis kann zum Beispiel eine partielles Lateinisches Quadrat der Größe 5×5 stets vervollständigt werden, wenn lediglich ein 2×3-Bereich an Einträgen vorgegeben ist. Auch für größere Werte von *a* und *b* handelt sich noch um ein bemerkenswert geradliniges und leicht nachprüfbares Kriterium.

Dennoch, das sei hier noch einmal wiederholt, ist ein allgemeines Kriterium für die (eindeutige) Lösbarkeit eines partiellen Lateinischen Quadrats schlicht undenkbar. Die auf den vorangegangenen Seiten präsentierten Betrachtungen sollen nicht darüber hinwegtäuschen, dass es für ein beliebiges partielles Quadrat keine elementare Möglichkeit gibt, die Lösbarkeit zu überprüfen. Aus Sicht der Rätselfreunde ist das auch gut so, denn sonst würden auf Lateinischen Quadraten basierende Rätsel schnell langweilig werden.

9

Graphen und Färbungsrätsel

Lateinische Quadrate gehören zu den regelmäßigsten Strukturen, die man in der Rätselwelt antrifft. Es ist sicher kein Zufall, dass Mathematiker wie Euler schon Lateinische Quadrate untersucht haben, während andere Strukturen mit dem Potenzial für interessante Rätsel weniger Aufmerksamkeit erregten. Dass dies aber nicht absolut gilt, soll der Inhalt dieses Kapitels zeigen.

Es gibt diverse logische Rätsel, die mit den Sudokus und den Lateinischen Quadraten überraschend stark verwandt sind, wenn man sich erst einmal die Mühe macht, sie mit einem hinreichend großen Maß an Abstraktion zu analysieren. Das kann relevant sein, wenn man versucht, Computerprogramme zum Erstellen und Lösen entsprechender Rätsel zu schreiben; es stellt sich dann nämlich heraus, dass die gleichen Programme mit geringfügigen Modifikationen auch für die Bearbeitung der verwandten Rätselarten tauglich sind.

Für alle weiteren Betrachtungen sollen die Lateinischen Quadrate, mit denen wir uns zuvor beschäftigt haben, lediglich als Ausgangspunkt dienen. Unser Ziel ist es, aus ihnen eine allgemeinere Problemklasse abzuleiten. Auch wenn konkret die Lateinischen Quadrate bei logischen Rätseln eine besonders prominente Rolle spielen, ergibt sich daraus

I. Althöfer, R. Voigt, *Spiele, Rätsel, Zahlen*, DOI 10.1007/978-3-642-55301-1_9,
© Springer-Verlag Berlin Heidelberg 2014

der Weg zu abstrakteren Fragestellungen, welche für sich genommen sehr interessant sein können.

Die Vierfarbenvermutung

Im Jahr 1852 versuchte Francis Guthrie, ein Mathematikstudent in London, eine Karte der Grafschaften von England so einzufärben, dass keine zwei benachbarten Grafschaften in der gleichen Farbe abgebildet sind. Er stellte fest, dass dafür vier verschiedene Farben ausreichend sind. Von dieser simplen Erkenntnis angestachelt, untersuchte er weitere Landkarten, um in Erfahrung zu bringen, ob dies immer der Fall sei.

Bei seinen Recherchen fand Guthrie keine Karte, in der mehr als vier Farben vonnöten waren, um eine Färbung mit der im vorigen Absatz genannten Eigenschaft zu finden. Er stellte daraufhin die Hypothese auf, dass generell vier Farben ausreichend seien. Es gelang ihm nicht, einen Beweis zu finden, und so reichte er das Problem an seinen Professor Augustus De Morgan weiter. Selbiger war ein sehr angesehener Mathematiker, der in seinem Leben zahlreiche wichtige Beiträge auf diversen mathematischen Teilgebieten leistete, doch auch ihm gelang es nicht, eine Lösung für Guthries Problem zu finden.

De Morgan gab das Problem ebenfalls weiter, und in den folgenden Jahrzehnten wurden mehrere Beweise veröffentlicht, die sich jedoch alle als fehlerhaft herausstellten. Zumindest konnte 1890 bewiesen werden, dass fünf Farben auf jeden Fall ausreichend sind; im Vergleich zu der analogen Aussage für vier Farben ist der Beweis dafür sehr einfach.

Die Suche nach dem Beweis für vier Farben dauerte bis in die zweite Hälfte des zwanzigsten Jahrhunderts. Dann fanden die beiden Mathematiker Kenneth Appel und Wolfgang Haken einen Weg, die Behauptung auf die separate Untersuchung einer endlichen Anzahl an Konstellationen von Ländern auf einer Karte zurückzuführen. Letztlich verifizierte ein Computer, dass in keiner der Konstellationen mehr als vier Farben benötigt werden. Das Vorgehen sorgte in Mathematikerkreisen für Furore; es war das erste Mal, dass ein Computer substantiell an der Beweisführung einer mathematischen Aussage beteiligt war. Bis heute ist kein elementarer Beweis für die Vierfarbenvermutung bekannt.

Was hat das alles nun mit Rätseln zu tun? Nun, die Problemstellung, eine Landkarte unter den genannten Bedingungen einzufärben, kann als logisches Rätsel angesehen werden. Denn unter der – vernünftigen – Annahme, dass aus der gegebenen Darstellung einer Karte einwandfrei hervorgeht, welche Länder zueinander benachbart sind, ist die Aufgabenstellung objektiv und ohne Interpretationsspielraum.

Erwähnenswert ist, dass bei der Problemstellung mehrere vereinfachende Annahmen getroffen werden, welche, wenn schon keine praktische, zumindest theoretische Relevanz besitzen. Zunächst müsste eigentlich festgelegt werden, ob es sich um ebene Landkarten oder um Landkarten auf einer anderen Fläche handelt, z. B. auf der Oberfläche einer Kugel oder eines Torus. Da für Karten auf einer Ebene oder einer Kugeloberfläche (einem Globus, dem praktisch relevanten Fall) effektiv die gleichen Resultate gelten, wird dieser Aspekt üblicherweise ignoriert.

Weiterhin sollte sicher gestellt werden, dass jedes Land eine zusammenhängende Fläche besitzt. Das ist in der Realität bei Weitem nicht immer gegeben. Auf einer Europa- oder Weltkarte lassen sich diverse Gegenbeispiele finden, d. h. Länder mit Besitzungen, die nicht mit dem Rest des Landes verbunden sind. Zu Russland gehört eine Exklave zwischen Polen und Litauen, Gibraltar wird zuweilen als zum Vereinigten Königreich gehörig betrachtet, kleinere Teile von Südamerika sind offiziell französisches Staatsgebiet. Zufällig beeinflussen die aufgeführten Fälle nicht die Korrektheit der Vierfarbenaussage, theoretisch können jedoch durch unzusammenhängende Landgebiete Gegenbeispiele konstruiert werden, die eine beliebig große Anzahl an Farben erforderlich machen.

Zuletzt muss die nur aus mathematischer Sicht wesentliche Annahme getroffen werden, dass sich zwei Länder nicht genau in einem Punkt berühren dürfen. Das mag trivial klingen, aber wenn man sich beispielsweise eine kreisrunde Torte vorstellt, welche durch Radien in eine beliebige Anzahl an Stücken zerlegt wird, so berührt jedes Tortenstück jedes andere im Mittelpunkt des Kreises; folglich müsste jedem Stück eine andere Farbe zugeordnet werden. Sobald man für ein Grenzstück im Sinne der Aufgabenstellung fordert, dass es eine echt positive Länge besitzen muss, treten hier keine Schwierigkeiten mehr auf.

Graphen und Färbungsprobleme

Um das Einfärben von Landkarten sauber behandeln zu können, wollen wir ein nützliches mathematisches Objekt

heranziehen: einen *Graphen*. Ein Graph besteht definitions-
gemäß aus einer endlichen Menge, deren Elemente *Knoten*
genannt werden, sowie einer ebenfalls endlichen Menge
aus Nachbarschaftsbeziehungen zwischen jeweils zwei Knoten; eine solche Beziehung wird als *Kante* bezeichnet. In
praktischen Anwendungen werden Graphen oft als ebene
Zeichnungen visualisiert, wobei die Knoten durch Punkte
oder Kreise symbolisiert werden und jede Kante durch das
Einzeichnen einer (nicht notwendigerweise gerade verlau-
fenden) Verbindungslinie zwischen den jeweiligen Knoten
dargestellt wird.

Je nachdem, welche Anwendung im Vordergrund steht,
wird die Definition eines Graphen gelegentlich modifiziert,
was die Kanten angeht. In der abstraktesten Form sind zwei
Knoten entweder benachbart oder nicht benachbart, das
heißt zwischen zwei fest gewählten Knoten verläuft entweder genau eine oder überhaupt keine Kante. Mitunter
wird jedoch zugelassen, dass zwischen zwei Knoten mehrere Kanten existieren. Darüber hinaus kann die Definition
dahingehend abgeändert werden, dass Nachbarschaft keine symmetrische, sondern eine einseitige Beziehung ist;
die Verbindungslinien, welche den Kanten entsprechen,
werden dann mit einem Pfeil versehen. Hinsichtlich Land-
kartenfärbungen sind die letzteren Punkte ohne Bedeutung.

Ausgehend von einer Landkarte kann man einen Graphen definieren, indem man für jedes Land einen Knoten
zeichnet und jeweils zwei Länder, die aneinandergrenzen, durch eine Kante verbindet. Anstelle der Länder sind
dann die Knoten des erhaltenen Graphen zu färben. Dadurch wird das ursprüngliche Einfärbungsproblem auf ein

graphentheoretisches Problem zurückgeführt, und mathematische Methoden können zur Anwendung kommen.

(Es sollte erwähnt werden, dass Knotenfärbungen nur eines von vielen Problemen sind, mit denen sich die Graphentheorie beschäftigt. Neben diversen anderen Fragen sind auch Kantenfärbungen von Interesse. Da sie im Zusammenhang mit Rätseln selten vorkommen, wollen wir darauf nicht weiter eingehen. Weiterhin lohnt es sich anzumerken, dass weder Rätselfreunde noch Mathematiker, die sich mit der Graphentheorie beschäftigen, regelmäßig mit einer Tasche voller Buntstifte herumlaufen. Es ist üblich, anstelle von verschiedenen Farben eine Markierung der Knoten mit den Zahlen 1 bis n zu verwenden, wobei n die Anzahl zulässiger Farben ist. Trotzdem spricht man bei theoretischen Betrachtungen oft von den Farben der Knoten.)

Ein Graph, der sich auf die eben beschriebene Weise ergibt, hat eine besondere Eigenschaft: Die Kanten können so eingezeichnet werden, dass sie sich nicht gegenseitig kreuzen. Ein Graph mit dieser Eigenschaft wird *planar* genannt. Bei Weitem nicht jeder Graph ist planar; der polnische Mathematiker Kazimierz Kuratowski fand 1930 ein Kriterium für die Planarität eines Graphen, auf das wir in Kürze zurückkommen.

Der Graph, welcher aus genau fünf Knoten besteht, von denen jeder zu jedem anderen benachbart ist (siehe die linke Figur in Abb. 9.1), ist nicht planar; damit ist gemeint, dass auch eine Umordnung der Knoten und der Kanten – sofern die Nachbarschaftsbeziehungen erhalten bleiben – nicht zu einer Darstellung ohne Überschneidung der Kanten führen

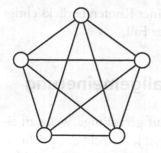 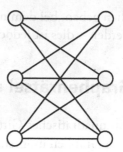

Abb. 9.1 Zwei nicht planare Graphen

kann. Gleichzeitig ist klar, dass dieser Graph nicht mit vier Farben eingefärbt werden kann.

Die graphentheoretische Version der Vierfarbenaussage besagt, dass jeder planare Graph eine Einfärbung seiner Knoten mit vier Farben gestattet, so dass keine zwei gleich gefärbten Knoten durch eine Kante verbunden sind. Beachtenswert ist, dass die Umkehrung nicht gilt: Es gibt Graphen, welche nicht planar sind, für die jedoch eine entsprechende Färbung existiert. Der rechte Graph in Abb. 9.1 ist ebenfalls nicht planar, für ihn genügen jedoch bereits zwei Farben!

Kuratowskis Kriterium besagt, dass die beiden Exemplare in Abb. 9.1 im Wesentlichen die einzigen Gegenbeispiele zur Planarität darstellen. Genauer gesagt ist ein Graph planar, wenn er keine dieser beiden Figuren enthält, wobei das „Enthaltensein" eines Graphen in einem anderen noch präziser definiert werden müsste. So sind zum Beispiel alle Graphen mit mehr als fünf Knoten, von denen jeder zu jedem benachbart ist, ebenfalls nicht planar. Denn andernfalls müsste es auch eine planare Darstellung des kleineren Graphen geben, bei dem nur fünf seiner Knoten berücksichtigt werden – dies ist jedoch nicht der Fall.

Graphenrätsel als Verallgemeinerung

Ein quadratisches Gitter kann auf geradlinige Weise zu einem Graphen umgestaltet werden: Jedes Feld entspricht einem Knoten, und zwischen zwei Knoten liegt genau dann eine Kante, wenn die entsprechenden Felder in der gleichen Zeile oder in der gleichen Spalte liegen. Die Aufgabe, ein partielles Lateinisches Quadrat zu vervollständigen, kann somit als Färbungsproblem auf einem Graphen interpretiert werden, wobei die Gittergröße der Anzahl der Farben entspricht.

Ebenso können Sudokus in die Gestalt von Graphenrätseln überführt werden. Dazu müssen lediglich ein paar zusätzliche Kanten eingezeichnet werden, nämlich zwischen solchen Knoten, die Gitterfeldern innerhalb der gleichen Blöcke entsprechen. In Abb. 9.2 ist der Graph zu sehen, welcher zu einem Sudoku-Gitter der Größe 4 × 4 (mit Blöcken der Größe 2 × 2) gehört.

Bei Rätseln ist es weitestgehend üblich, die ursprüngliche Gitterform beizubehalten. Die zugehörigen Graphen sind äußerst unübersichtlich; man kann sich sicher vorstellen, wie chaotisch der Graph aussehen würde, welcher aus einem 9 × 9-Sudoku abgeleitet werden kann. Dazu kommt noch, dass Zusatzbedingungen, wie beispielsweise bei den Rätseln in Abb. 8.2 und in Abb. 8.3, in den quadratischen Gittern deutlich leichter darstellbar sind. Nichtsdestoweniger sind Färbungsrätsel auf Graphen eine vernünftige Verallgemei-

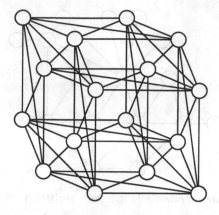

Abb. 9.2 Graphendarstellung eines Sudokus

nerung der in den vorigen Kapiteln betrachteten Rätselarten.

Die entsprechenden Rätsel, gelegentlich auch Landkartenrätsel oder ähnlich genannt, sind bei Meisterschaften nicht ganz so oft wie andere Rätselarten anzutreffen, sie haben aber ihre Berechtigung. Beim Anblick eines Färbungsrätsels in Graphengestalt mag der Eindruck entstehen, dass sie kaum interessante Lösungstechniken gestatten. Man könnte denken, dass das Lösen eines solchen Rätsels im Wesentlichen darin besteht, immer wieder ungefärbte Knoten zu suchen, die bereits zu Knoten in drei verschiedenen Farben benachbart sind, und diesen dann die jeweils vierte Farbe zuzuordnen.

Das trifft jedoch bei Weitem nicht zu. Dieses Vorgehen entspricht nur den *naked singles*, die wir bei den Sudokus kennengelernt haben; die komplizierteren Techniken lassen sich ebenso aus Sudoku-Gittern auf die zugehörigen Gra-

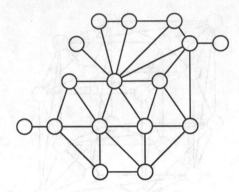

Abb. 9.3 Graphendarstellung der sechzehn Bundesländer Deutschlands

phen übertragen. Allerdings ist es leider so, dass die Graphen für die praktische Anwendung derselben reichlich ungeeignet sind, und deswegen wird bei Rätselwettbewerben die Gitterdarstellung bevorzugt.

Insofern ist die Graphendarstellung eigentlich nur sinnvoll, wenn der Graph nicht von einem regelmäßig aufgebauten Gitter abgeleitet werden kann. Solche Rätsel werden in der Praxis seltener erstellt.

In Abb. 9.3 ist die Aufteilung Deutschlands in seine sechzehn Bundesländer als Graph dargestellt. Die Abbildung verdeutlicht unter anderem, warum willkürlich gewählte Landkarten als Rätsel wenig taugen. Nehmen wir an, es wird die Aufgabe gestellt, eine Knotenfärbung mit vier Farben zu finden, so dass keine zwei gleichfarbigen Knoten zueinander benachbart sind.

Einmal abgesehen von Niedersachen mit seinen neun Nachbarländern und einigen anderen zentral gelegenen

Bundesländern haben viele der Länder recht wenige Nachbarn. Das Saarland, Bremen und Berlin grenzen nur jeweils an ein einziges Nachbarland. Wenn man die Farbe dieser Länder nicht vorgibt, so wird sie sich auch nicht eindeutig aus der Färbung des restlichen Graphen ergeben. Das gleiche gilt für Hamburg mit nur zwei Nachbarländern; die Farbe jedes Knotens, welcher nicht mindestens drei Nachbarn besitzt, muss in dem Rätsel bereits fixiert sein, denn sonst hätte man mindestens zwei Möglichkeiten, eine Farbe zu wählen.

Um ein eindeutiges Rätsel mit n Farben zu erhalten (hier $n = 4$), müssen wenigstens $n-1$ Farben von Anfang an vorgegeben sein. Andernfalls, dieses Argument hatten wir bei den Lateinischen Quadraten schon gesehen, könnte man aus einer Lösung eine weitere erhalten, indem man eine geeignete Permutation der Farben auf dem gesamten Graphen durchführt.

Auf dem Deutschland-Graphen müssten die Farben der vier zuvor genannten Knoten also Startvorgaben sein, aber man kann sich leicht davon überzeugen, dass das nicht ausreicht. Bei einem spontanen Test fand ich eine Kombination von Farbvorgaben für sieben der sechzehn Knoten, die die Eindeutigkeit der restlichen Färbung implizierte. Generell werden bei Graphen mit so wenigen Nachbarschaftsbeziehungen (beispielsweise im Vergleich zu dem Graphen in Abb. 9.3) so viele Vorgaben benötigt, dass der Rest als Rätsel nicht mehr interessant ist.

Die Frage, für welche Landkarten drei Farben genügen, hatten wir bis jetzt außer Acht gelassen. Beim oberflächlichen Betrachten einer Karte ist es nicht immer leicht, sofort eine Antwort zu geben. Findet man vier Länder, die sich paarweise berühren, so folgt daraus unmittelbar, dass auch vier Farben benötigt werden. Es gibt aber auch noch ein paar kompliziertere Formationen, welche die gleiche Konsequenz haben.

Der Deutschland-Graph enthält eine solche Formation. Wir betrachten den Knoten, welcher dem Bundesland Thüringen entspricht (zweite Reihe von unten, zweiter Kreis von rechts). Dieser besitzt fünf Nachbarn, welche gleichzeitig ringartig miteinander verbunden sind.

Angenommen, es gäbe eine Einfärbung mit lediglich drei Farben. Thüringen selbst würde eine davon bekommen, und jedes der Nachbarländer müsste in einer der beiden anderen Farben eingefärbt werden. Das ist jedoch nicht möglich, da der besagte Ring aus einer ungeraden Anzahl von Ländern besteht.

Das Argument soll veranschaulichen, dass selbst auf unregelmäßigen und potenziell unübersichtlichen Graphen ein paar Techniken zum Einsatz kommen können, die über das bloße Suchen nach *naked singles* hinausgehen. Bei Landkartenrätseln sind solche und ähnliche Konstellationen meistens wesentlich für einen logischen Lösungsprozess.

Exact Cover und Dancing Links

Wir wollen uns als Nächstes der Frage widmen, wie man effiziente Programme zum Lösen von Sudokus, Lateinischen Quadraten und auch allgemein Färbungsrätseln auf Graphen schreiben kann. In Kap. 7 waren wir bereits auf grundsätzliche Ideen eingegangen, der Fokus soll jetzt mehr auf den zugrunde liegenden Datenstrukturen liegen.

Bevor wir damit beginnen, soll ganz klar zum Ausdruck gebracht werden, dass die hier vorgestellte Methode nur eine von vielen ist. Im Gegensatz zu den in Kap. 7 diskutierten Vorgehensweisen ist hierbei auch nicht von Interesse, ob der von Computern beschrittene Weg für menschliche Löser nachvollziehbar ist; es geht nur darum, ein technisch einwandfreies Programm zur Bestimmung aller Lösungen der entsprechenden Rätsel zu beschreiben.

Als Ausgangspunkt soll eine Rätselart dienen, die unter dem englischen Namen *Exact Cover* (Exakte Überdeckung) bekannt ist. Dabei handelt es sich streng genommen nicht nur um ein logisches Rätsel, sondern um eine Problemstellung mit vielfältigen Anwendungen bei Fragen algorithmischer Programmierung.

Hierbei ist eine rechteckige Tabelle gegeben, deren Einträge ausschließlich Nullen und Einsen sind. Das Ziel ist es, eine beliebige Anzahl von Zeilen derart auszuwählen, dass innerhalb dieser Zeilen in jeder Spalte der Tabelle genau eine Eins steht. Die Größe der Tabelle ist im Prinzip keinerlei Einschränkungen unterworfen. Ein eher kleines Exemplar ist in Abb. 9.4 zu sehen.

Wie bei den meisten Rätseltypen lassen sich sowohl rein logisch lösbare als auch schwer zugängliche Exemplare konstruieren. Ein Programm, welches keine logischen Schlusstechniken beherrscht, sollte wenigstens in der Lage sein, die Prüfung aller in Frage kommenden Zeilenkombinationen möglichst schnell zu bewältigen. Tatsächlich gibt es hierfür einen effizienten Algorithmus, mit dem ein Computer das Problem selbst dann noch in vernünftiger Zeit lösen kann, wenn die Tabellengröße über das Fassungsvermögen menschlicher Löser weit hinausgeht.

0	1	0	0	1	0
0	1	0	1	0	0
0	0	1	0	0	0
0	0	0	0	1	1
1	0	0	0	0	1
0	1	0	0	0	0
1	0	1	0	1	0
0	1	0	1	1	0

Abb. 9.4   Exact Cover: Finden Sie eine Auswahl von Zeilen der Tabelle, so dass innerhalb dieser Auswahl jede Tabellenspalte genau eine Eins enthält

Rein abstrakt besteht der Algorithmus im Wesentlichen aus einer zielstrebigen Fallunterscheidung. Dabei wird jeweils eine Zeile der Tabelle ausgewählt; gleichzeitig werden in Gedanken alle Zeilen eliminiert, die mit der ausgewählten eine „Kollision" verursachen, d. h. die in der gleichen Spalte wie die gewählte Zeile eine Eins besitzen. Aus den restlichen Zeilen wird dann erneut eine ausgewählt, und so weiter. Dieser Schritt muss natürlich so oft wiederholt werden, bis man alle Möglichkeiten geprüft hat.

Das Vorgehen wird nach Donald Knuth, einem der herausragendsten Informatiker der Welt, als *Knuth's Algorithm X* bezeichnet. In einer Veröffentlichung im Jahr 2000 stellte Knuth eine Implementierung des Algorithmus vor, welche den Namen *Dancing Links* (etwa: Tanzende Verknüpfungen) trägt.

Das entscheidende Element hierbei ist die Wahl der Datenstruktur zur Durchführung der besagten Fallunterscheidung. Sinngemäß betrachtet man nur die Einsen der Tabelle und stattet jede von ihnen mit Zeigerstrukturen aus, die auf die nächstliegenden Einsen in allen vier Richtungen zeigen. Insbesondere kann man beispielsweise die Kollisionen zwischen Zeilen sehr schnell ermitteln, indem man von den Einsen einer Zeile einfach nach oben bzw. unten den Zeigern folgt. Die Umsetzung der Fallunterscheidung zur Lösung des *Exact-Cover*-Problems besteht nun in einer geeigneten Abarbeitung des gesamten Konstrukts, wobei die Zeigerverknüpfungen immer wieder abgelaufen (und dabei immer wieder neu gesetzt) werden.

Übrigens gab Knuth selbst an, dass das Verfahren bereits 1979 von den japanischen Wissenschaftlern Hirosi Hitotumatu und Kohei Noshita entwickelt worden war. Sudokus waren damals noch nicht populär, stattdessen wurde der Algorithmus zur Bearbeitung diverser anderer logisch-mathematischer Problemstellungen wie z. B. des Acht-Damen-Problems (auf einem Schachbrett sollen acht Damen so platziert werden, dass sie sich nicht gegenseitig bedrohen) genutzt.

Programmierung von Färbungsrätseln

Das Problem, ein partielles Lateinisches Quadrat (LQ) zu vervollständigen, lässt sich elegant in das *Exact-Cover*-Problem überführen. Zur Erklärung des Verfahrens gehen wir zunächst davon aus, dass in dem Gitter keine einzige Zahl steht. Dann erstellen wir eine Tabelle mit Nullen und Einsen wie folgt (im Folgenden bezeichne die Variable n die Größe des Quadrats):

- Die Tabelle soll n^3 Zeilen besitzen. Jede Zeile hat eine Bedeutung der Form: „In dem Feld mit den Koordinaten (x, y) steht die Zahl z", wobei die Variablen x, y und z jeweils die Werte von 1 bis n durchlaufen.

- Die Tabelle soll $3 \cdot n^2$ Spalten besitzen, aufgeteilt in drei Gruppen zu je n^2 Spalten. Jede Spalte hat eine Bedeutung von einer der drei folgenden Formen: „Das Feld mit den Koordinaten (x, y) enthält eine Zahl" oder „In der Spalte x (des LQ) kommt die Zahl z vor" oder „In der Zeile y (des LQ) kommt die Zahl z vor".

- Jede Zeile der Tabelle enthält drei Einsen, nämlich genau in den drei Spalten, deren Bedeutungsaussage jeweils aus der Beschriftung der entsprechenden Zeile impliziert wird.

Eine Lösung dieses speziellen *Exact-Cover*-Problems liefert sofort auch ein Lateinisches Quadrat. Um das zu erkennen, stellen wir uns vor, dass eine Auswahl von Zeilen der Tabelle getroffen worden ist. Die Bedeutung der ausgewählten Zeilen gemäß der obigen Auflistung entspricht einer Menge von ins Gitter eingetragenen Zahlen.

Wenn jede Tabellenspalte der ersten Gruppe genau eine Eins enthält, so bedeutet das nichts anderes, als dass in jedes Gitterfeld genau eine Zahl eingetragen wurde. Die Bedingung, dass in der Auswahl jede Spalte der zweiten und der dritten Gruppe ebenfalls genau eine Eins enthält, stellt sicher, dass jede Zahl von 1 bis n genau einmal pro Zeile und pro Spalte vorkommt, dass es sich also wirklich um ein Lateinisches Quadrat handelt.

Bei einem partiellen Lateinischen Quadrat sind einige Einträge bereits vorgegeben. Das entspricht einer Vorauswahl von manchen Tabellenzeilen. Das *Exact-Cover*-Problem unter den Vorgaben kann essentiell mit dem gleichen Verfahren gelöst werden. Das Programm zum Lösen partieller Lateinischer Quadrate besteht somit aus zwei Teilen: der Erstellung der Tabelle und dem *Dancing-Links*-Algorithmus.

Für Sudokus ist das Vorgehen nahezu identisch. Die Tabelle muss noch um eine zusätzliche Gruppe von Spalten ergänzt werden; jede ihrer Spalten trägt die Bedeutung, dass einer der 3 × 3-Blöcke (bzw. in anderer Größe, wenn das Ausgangsrätsel kein 9 × 9-Gitter ist) eine bestimmte Zahl enthält. In jeder Zeile der Tabelle stehen dann vier Einsen.

Wenn man sich vor Augen hält, inwiefern Färbungsrätsel auf Graphen eine Verallgemeinerung von Lateinischen Quadraten darstellen, wird auch ersichtlich, wie der Lösungsalgorithmus verallgemeinert werden kann. Sind ein Graph mit a Knoten und b Kanten sowie eine Anzahl von n Farben gegeben, so wird zuerst ausgehend von dem Graphen die Tabelle wie folgt erzeugt:

- Die Tabelle soll $a \cdot n$ Zeilen besitzen. Jede Zeile hat eine Bedeutung der Form: „Der Knoten x besitzt die Farbe z", wobei x die Knotenmenge und z die Liste der zulässigen Farben durchläuft.

- Die Tabelle soll $a + b \cdot n$ Spalten besitzen, aufgeteilt in zwei Gruppen. Jede Spalte hat eine Bedeutung von einer der zwei folgenden Formen: „Der Knoten x ist mit einer Farbe versehen" oder „Einer der beiden Knoten, zwischen denen die Kante y verläuft, besitzt die Farbe z".

- Wie zuvor werden die Einsen an denjenigen Stellen in der Tabelle gesetzt, wo die Bedeutung der Zeile die der Spalte impliziert.

Gesucht ist nun eine Lösung eines leicht abgeänderten Problems, nämlich eine Auswahl von Zeilen, so dass innerhalb der Auswahl in jeder Spalte der ersten Gruppe genau eine Eins und in jeder Spalte der zweiten Gruppe höchstens eine Eins vorkommt. Wie es der Zufall so will, kann der *Dancing-Links*-Algorithmus auch die modifizierte Problemstellung schnell und effizient bearbeiten.

Ein klassisches Sudoku führt gemäß dem gerade vorgestellten Verfahren zu einer Tabelle mit 729 Zeilen und 324 Spalten. Ein *Exact-Cover*-Rätsel dieser Größenordnung ist für Menschen geradezu hoffnungslos, im maschinellen Maßstab aber lediglich eine Fingerübung. Ein herkömmlicher PC kann mit einem derartigen Programm ein Sudoku in weniger als einer Sekunde lösen.

In der Rätselwelt kann eine beachtlich große Zahl von Rätseln auf ein *Exact- Cover*-Problem zurückgeführt werden. Der Aufwand dafür ist unterschiedlich groß; je regelmäßiger die Ausgangsstrukturen sind – und ein Lateinisches Quadrat steht weit oben auf dieser Liste –, umso leichter ist es, die benötigte Tabelle aus Einsen und Nullen zu erstellen. Selbst zahlreiche Rätselarten, die völlig anderer Natur als die bisher vorgestellten sind, lassen sich mit einem ähnlichen Algorithmus bearbeiten. Im nächsten Kapitel werden wir uns einen Eindruck davon verschaffen, was es sonst noch für logische Rätsel gibt.

10

Weitere Arten
logischer Rätsel

Nachdem wir uns in den letzten Kapiteln nur mit sehr speziellen Rätseltypen beschäftigt haben, wollen wir jetzt eine
etwas breitere Übersicht über die diversen Arten logischer
Rätsel präsentieren. Dazu sollte gleich vorweg gesagt werden, dass es angesichts der bereits bestehenden Rätselvielfalt
schlicht unmöglich ist, eine vollständige Klassifikation zu
geben. Auf den nächsten Seiten sind lediglich die wichtigsten Klassen von Rätseln aufgelistet.

Der Rätselverein *Logic Masters Deutschland* führt neben
anderen Dingen auf seiner Homepage eine sehr ähnliche
Übersicht, die *Puzzle Wiki*, mit einer Beschreibung sehr vie-
ler Rätselarten, welche bei vergangenen Wettbewerben zum
Einsatz kamen. Sie ist unter wiki.logic-masters.de zu finden.
Dort sind bereits über 400 Rätselarten aufgelistet, und die
Zahl wächst ständig an.

Die Namen, welche wir im Folgenden verwenden, sind
übrigens nicht als offiziell anzusehen. Wir nutzen die Bezeichnungen lediglich, um einen Eindruck davon zu vermitteln, was die diversen Rätselarten gemeinsam haben bzw.
was sie unterscheidet.

I. Althöfer, R. Voigt, *Spiele, Rätsel, Zahlen*, DOI 10.1007/978-3-642-55301-1_10,
© Springer-Verlag Berlin Heidelberg 2014

Füllrätsel

Zunächst wollen wir uns auf Rätselarten beschränken, die auf einem vorgegebenen, mehr oder weniger regelmäßig aufgebauten Rätselgitter gestellt werden. Bei zahlreichen Rätseln besteht die Aufgabe darin, Zahlen aus einer fest vorgegebenen Auswahlmenge in das Gitter einzutragen, so dass bestimmte Bedingungen erfüllt sind.

Diese Bedingungen haben in einigen Fällen (wenn auch bei Weitem nicht in allen) die Gestalt, dass in den Zeilen und Spalten jede Zahl genau einmal, mindestens oder höchstens einmal vorkommen muss. Die Lateinischen Quadrate waren ein Spezialfall dieses Aufgabentyps, und es scheint nicht notwendig, noch ein Beispiel aus dieser Kategorie zu geben.

Wir wollen diese Rätsel als Füllrätsel bezeichnen. Die Zielstellung, das Gitter mit Zahlen – oder gegebenenfalls auch anderen Symbolen, beispielsweise Buchstaben – auszufüllen, ist eine sehr leicht verständliche und als solche eine der typischsten in der Rätselwelt. Die Verwendung von Zahlen hat den nahe liegenden Vorteil, dass man die zuvor genannten Bedingungen mit anderen, arithmetischen Regeln kombinieren kann. Das Killer-Sudoku in Abb. 7.4 ist ein exzellentes Beispiel.

Abhängig davon, wie intensiv man auf der Regelmäßigkeit des vorgegebenen Gitters besteht, können auch die Graphenrätsel aus dem vorigen Kapitel als Füllrätsel eingeordnet werden. Die meisten in der Praxis anzutreffenden Rätsel basieren dennoch auf einem Gitter mit quadratischen Feldern, was ganz nebenbei den Vorteil hat, dass sie sowohl

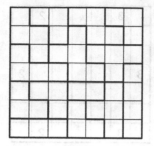

Abb. 10.1 Hakyuu: Tragen Sie in jedes Feld eine Zahl so ein, dass jedes Gebiet die Zahlen von 1 bis zur Größe des Gebiets jeweils genau einmal enthält. Zwischen zwei gleichen Zahlen in der gleichen Zeile oder Spalte sollen sich dabei mindestens so viele Felder befinden, wie die Zahl vorgibt, also mindestens ein Feld zwischen zwei Einsen, mindestens zwei Felder zwischen zwei Zweien usw.

mit Computerprogrammen als auch per Hand (auf kariertem Papier) besonders leicht gezeichnet werden können.

In Abb. 10.1 ist ein sehr seltener Füllrätseltyp zu sehen, das *Hakyuu* (gelegentlich auch mit dem englischen Namen *Ripple Effect* bezeichnet). In diesem Rätsel gibt es keine prinzipiellen Vorgaben, welche Zahlen genau in jeder Zeile bzw. Spalte vorkommen müssen, aber stattdessen eine Regel, unter welchen Umständen Zahlenwiederholungen in Zeilen bzw. Spalten erlaubt sind, und die Bedingung, welche Zahlen in jedem der Gebiete erscheinen müssen.

Was diese Rätselart auszeichnet, ist die Tatsache, dass die verschiedenen einzutragenden Zahlen nicht „gleichberechtigt" sind. In den Kap. 7 und 8 wurde dargelegt, dass sich aus der Lösung eines Sudokus oder allgemeiner eines Lateinischen Quadrats eine neue ergibt, wenn man auf dem vollständigen Lösungsgitter eine Ziffernpermutation durch-

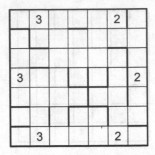

Abb. 10.2 Infektion: Tragen Sie in jedes Feld eine Zahl ein, welche genau die Anzahl verschiedener Zahlen in den Nachbarfeldern angibt. Zwei Felder gelten dabei als benachbart, wenn sie waagerecht oder senkrecht aneinandergrenzen und keine dicke Trennlinie dazwischenliegt

führt. Das ist hier nicht der Fall; es liegt eine interessante Unsymmetrie vor, die – wie im Beispiel in Abb. 10.1 zu sehen ist – dazu führt, dass solche Rätsel schon eindeutig lösbar sein können, wenn keine einzige Zahl im Gitter vorgegeben ist.

Eine weitere Rätselart mit dieser Eigenschaft, *Infektion* (siehe Abb. 10.2), erfand ich im Rahmen einer Rätselwettbewerbsserie 2013. Im Gegensatz zu den Sudokus sind die beiden Rätselarten deutlich stärker gewöhnungsbedürftig und besitzen daher ohne entsprechende Vorbereitung eine relativ hohe Schwierigkeit.

Inzwischen sind eine große Anzahl von Füllrätseln bekannt, wobei die meisten davon auf Lateinischen Quadraten aufbauen, zum Beispiel die weiter vorn erwähnten diversen Sudoku-Varianten. Andererseits gibt es, wie das Rätsel in Abb. 10.2 demonstriert, immer noch genug Potenzial für neue Ideen.

Platzierungsrätsel

Wir wenden uns von den Füllrätseln ab und einer anderen Klasse logischer Rätsel zu, den Platzierungsrätseln. Wie der Name schon nahe legt, geht es hier darum, in einem Rätselgitter eine Menge vorgegebener Objekte zu platzieren. Die restlichen Gitterfelder bleiben dabei frei, was einen wesentlichen Unterschied zu den zuvor betrachteten Rätseln darstellt.

Der Umstand, dass ein Großteil der Gitterfelder leer bleibt, hat einen beträchtlichen Einfluss auf die Herangehensweise. Die bei Füllrätseln für jedes Feld separat zu beantwortende Frage, welches Symbol dort einzutragen ist, manifestiert sich direkt in ein paar elementaren Lösungstechniken wie z. B. der Menge der *candidates*. Ein solches Vorgehen ist bei Platzierungsrätseln völlig unüblich (man könnte auch sagen, nutzlos). Vielmehr zeichnet der Löser mitunter dünn die in Frage kommenden Positionen der Objekte ein und streicht diejenigen Felder deutlich ab, welche garantiert frei bleiben müssen.

Mit dem *Doppelstern* in Abb. 6.3 hatten wir im Einleitungskapitel bereits einen Vertreter dieser Rätselklasse kennengelernt. Ein weiteres Rätsel, welches ganz eng mit dem Computerspiel *Minesweeper* verwandt ist, ist das *Minenrätsel* (siehe Abb. 10.3).

Die Regeln beim Rätsel und beim Computerspiel unterscheiden sich eigentlich nur dahingehend, dass der Löser bei Letzterem die Chance hat, weitere Felder anzuklicken, um zusätzliche Zahlen aufzudecken – allerdings mit der Gefahr, das Spiel zu verlieren, wenn es sich um ein Minenfeld

	2		4		2		2	
3								3
		3		3		5		
3								2
		5		1		4		
2								3
		3		2		6		
2								4
	3		1		1		2	

Abb. 10.3 Minenrätsel: Färben Sie einige Felder schwarz, so dass jede Zahl angibt, wie viele der waagerecht, senkrecht und diagonal benachbarten Felder geschwärzt sind. Zahlenfelder dürfen nicht geschwärzt werden

handelt. Bei dem Rätsel sind die Zahlen von vornherein so ausgewählt, dass sich die Lösung bereits eindeutig ergibt.

Wie schon bei dem Doppelstern besteht die verbreitete Notation von Rätsellösern nicht darin, die gesuchten Felder schwarz einzufärben, sondern sie stattdessen auf andere Weise zu markieren, vielleicht wieder durch einen Stern. (Nur ein eher geringer Teil der Löser zeichnet allerdings wirklich Minen.) Auf gedruckten Exemplaren, in denen die Zielfelder bereits gegeben sind, z. B. in einem Anleitungsbeispiel, findet man üblicherweise tatsächlich kleine Minen abgebildet. Generell werden in computergenerierten Grafiken bei Platzierungsrätseln anstelle von Schwarzfeldern oft kleine Objekte gezeichnet, die auf die genaue Natur des Rätsels hinweisen sollen.

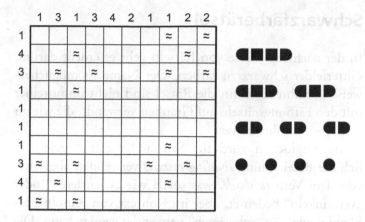

Abb. 10.4 Flottenrätsel: Platzieren Sie die rechts abgebildeten Schiffe waagerecht oder senkrecht im Gitter. Für jede Zeile und Spalte ist die Anzahl der darin anzuordnenden Schiffssegmente am Rand vorgegeben. Felder, die zu verschiedenen Schiffen gehören, dürfen einander nicht berühren, auch nicht diagonal. Die im Gitter bereits markierten Wasserfelder müssen frei bleiben

Nicht in allen Platzierungsrätseln sind die versteckten Objekte genau ein Feld groß. In der nächsten Rätselart, welche ebenfalls einem bekannten Spiel – *Schiffe versenken* – nachempfunden ist, sind Zielobjekte verschiedener Größen gesucht (siehe Abb. 10.4).

Bei den Platzierungsrätseln sind ebenfalls schon unheimlich viele Arten bekannt. Häufig geben die Regeln dabei vor, inwiefern die zu platzierenden Objekte zueinander benachbart liegen dürfen, wie viele Objekte in den Zeilen und den Spalten (oder in anderen ausgewählten Regionen des Gitters) liegen müssen, und Ähnliches.

Schwarzfärberätsel

In der nächsten Klasse von Rätseln geht es erneut darum, Gitterfelder schwarz zu färben. Der Name ist möglicherweise irreführend, denn die Rätsel sind nicht unmittelbar mit den Färbungsrätseln auf Graphen verwandt, die wir im Kap. 9 eingeführt hatten.

Im Englischen wird für Schwarzfärberätsel gelegentlich die Bezeichnung *shading puzzles* verwendet, abgeleitet von dem Verb *to shade*, was soviel wie „schattieren" oder „verdunkeln" bedeutet, aber im Kontext von Rätseln problemlos auch für „schwärzen" verwendet werden kann. Die wörtliche Übersetzung „Schattierungsrätsel" ließe jedoch zu wünschen übrig.

In Abb. 10.5 ist ein sehr häufig anzutreffender Vertreter zu sehen, das *Nurikabe*. (Es handelt sich wiederum um den japanischen Namen, welcher sich mittlerweile für diese Rätselart durchgesetzt hat. Früher wurde gelegentlich der Name „Inselrätsel" verwendet, der sich daraus ergab, dass die zusammenhängenden Regionen weißer Felder als Inseln bezeichnet wurden.)

Eine exakte Grenze zwischen den Schwarzfärberätseln und den Platzierungsrätseln lässt sich schwer finden, insbesondere wenn man bei den Letzteren die Zielobjekte ebenfalls durch das Einzeichnen von Schwarzfeldern markiert. In den Schwarzfärberätseln ist es jedoch typischerweise so, dass die schwarzen Felder konkrete Formen oder Muster bilden oder dass zumindest große schwarze Bereiche entstehen, welche eine besondere regeltechnische Relevanz besitzen. In diversen Rätseln dieser Klasse wird

3				3			
	3		3				
						3	
	4				4		
			4			4	

Abb. 10.5 Nurikabe: Färben Sie einige Felder schwarz, so dass die Schwarzfelder einen zusammenhängenden Bereich bilden. Kein 2×2-Quadrat darf ausschließlich aus schwarzen Feldern bestehen. Jeder zusammenhängende Bereich von weißen Feldern soll genau eine Zahl enthalten, welche die Größe dieses Bereichs angibt. (Ein Bereich heißt hierbei „zusammenhängend", wenn man von jedem seiner Felder zu jedem anderen durch eine Kombination waagerechter und senkrechter Schritte gelangen kann; diagonale Berührungen sind dafür als nicht ausreichend anzusehen)

explizit gefordert, dass die schwarzen (bzw. mitunter die weißen) Felder zusammenhängen, wodurch sich diese Rätsel stark von den Platzierungsrätseln abheben.

Zerlegungsrätsel

Wenn man in dem *Nurikabe* die Lösungsnotation (bei angepasster Formulierung der Aufgabenstellung) dahingehend verändert, dass man lediglich die Trennlinien zwischen den Schwarzfeldern und den Inseln einzeichnet, so ändert sich der Charakter des Rätsel scheinbar vollständig; das Ziel besteht dann darin, das Gitter entlang der Gitterlinien in mehrere Teilbereiche zu zerlegen, welche bestimmte Zusatzbedingungen erfüllen. Derartige Rätsel werden Zerlegungsrätsel genannt.

Das *Sikaku* aus Abb. 6.2 fällt zweifellos in die Kategorie der Zerlegungsrätsel. Es ist übrigens nicht zwingend, aber sehr oft der Fall, dass bei den Zerlegungsrätseln alle entstehenden Regionen durch die Regeln gleichberechtigt sind. Das *Nurikabe* weicht von diesem Prinzip ab, da die aus den Schwarzfeldern entstehende Region ersichtlich einen Sonderstatus besitzt. Vielleicht ist das auch der Grund, warum sich das Schwärzen von Feldern beim *Nurikabe* als verbreitete Lösungsnotation durchgesetzt hat.

Die Herangehensweise an ein logisches Rätsel kann übrigens durch eine veränderte Notation durchaus beeinflusst werden. Zwar handelt es sich rein abstrakt gesehen immer noch um das gleiche Rätsel, doch die Notation beeinflusst die Wahrnehmung des Lösers für logische Zusammenhänge im Gitter und damit die Art der Lösungsschritte, die er verwenden wird. In der Rätselszene gibt es diverse Rätselarten, bei denen die Löser unterschiedliche Notationen verwenden. Ausgenommen sind davon hauptsächlich die Füllrätsel, bei denen die Darstellung der Lösung durch die Vorgabe der in Frage kommenden Symbole diktiert wird.

Zerlegungsrätsel sind in der Rätselwelt insgesamt nicht ganz so oft wie Rätsel der anderen Klassen anzutreffen, sie können jedoch ihren eigenen Reiz besitzen. Abbildung 10.6 zeigt eine weitere interessante Rätselart aus dieser Familie. Man beachte, dass im Gegensatz zum *Sikaku* hier die Formen, die bei der Zerlegung entstehen dürfen, nicht exakt

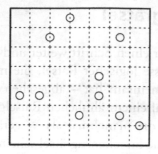

Abb. 10.6 Galaxien: Zerlegen Sie das Gitter entlang der Gitterlinien so in Teilbereiche, dass jeder Bereich genau einen Kreis
enthält und punktsymmetrisch bezüglich dieses Kreises geformt
ist (d. h. nach einer Drehung um 180° unverändert aussieht)

vorgegeben sind, sondern nur prinzipiell durch die Regeln
eingegrenzt werden.

Eine Aufgabenstellung, die früher häufiger anzutreffen
war, in jüngster Vergangenheit allerdings kaum noch bei
Wettbewerben vorkam, bestand darin, eine gegebene Figur
in eine feste Anzahl kongruenter kleinerer Figuren zu zerlegen. Üblicherweise war die Ausgangsfigur unregelmäßig
geformt, setzte sich jedoch in der Regel aus kleinen Quadraten oder ähnlichen Standardbausteinen zusammen.

Solche Rätsel kann man in vielen Fällen intuitiv meistern, sie gestatten jedoch kaum rein logische Lösungstechniken. Im Rahmen der ständigen Weiterentwicklung der
Rätselmeisterschaften mag dieser Aspekt ursächlich für das
allmähliche Aussterben dieser Rätselart sein.

Streckenzugrätsel

Wir gehen wieder einen Schritt weiter und kommen zu einer anderen Klasse logischer Rätsel, die mit den vorigen relativ wenig gemeinsam hat – abgesehen davon, dass sie typischerweise auf einem ähnlichen Rätselgitter basiert. Es geht um Rätsel, die manchmal als Wegerätsel bezeichnet wurden; der Name Streckenzugrätsel scheint aber in vielerlei Hinsicht passender zu sein.

In den besagten Rätseln geht es darum, Streckenzüge ins Gitter einzuzeichnen – eine Formulierung, welche wohl einer genaueren Erklärung bedarf. Die Zielstellung zu verstehen, wird möglicherweise am einfachsten, wenn man ein paar Unterklassen unterscheidet.

In einer einfachen Version besteht die Aufgabenstellung des Rätsels darin, zwei fest vorgegebene Punkte auf dem Gitter (wir können sie „Start" und „Ziel" nennen) durch einen zusammenhängenden Pfad zu verbinden, wie es beispielsweise bei einem schlichten Labyrinth der Fall ist. Reine Labyrinthe sind allerdings, was den logischen Faktor angeht, zu schlicht und kommen daher nahezu niemals bei Rätselwettbewerben vor.

In einem Labyrinthrätsel werden deshalb zusätzliche Anforderungen gestellt, beispielsweise dass eine Auswahl von Zwischenstationen in einer bestimmten Reihenfolge passiert werden muss. Je nach Beschaffenheit der Zusatzbedingungen können die Rätsel dann sogar einen sehr erheblichen logischen Anteil besitzen, dennoch sind Labyrinthe extrem selten bei Meisterschaften anzutreffen.

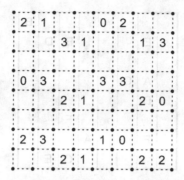

Abb. 10.7 Rundweg: Zeichnen Sie entlang der gestrichelten Linien einen geschlossenen und zusammenhängenden Streckenzug ein, der sich nicht selbst berühren oder kreuzen darf. Jede Zahl im Gitter gibt an, wie viele der direkt angrenzenden Kanten von dem Streckenzug verwendet werden

In anderen Rätseln geht es darum, einen geschlossenen Streckenzug einzuzeichnen, ohne dass konkrete Ausgangspunkte oder Zwischenstationen vorgegeben sind. Diese Rätsel sind von den Labyrinthrätseln sehr verschieden und bei Rätselmeisterschaften deutlich populärer. Abbildung 10.7 zeigt eine solche Rätselart, den *Rundweg*. (Der Begriff „Rundweg" kommt in den Anleitungen ähnlicher Rätseltypen ebenfalls häufig vor, und in der Rätselszene wird die Namensgebung als unglücklich angesehen.)

In der englischsprachigen Rätselwelt wird ein Rundweg mit den Regeln wie in Abb. 10.7 als *Slitherlink* (wörtlich etwa: gleitende Verbindung) genannt, es gab auch schon die Bezeichnung *Fences* (Zäune), was vielleicht am ehesten eine sinnvolle Namensgebung ist. Dennoch haben sich die weniger aussagekräftigen Namen am stärksten durchgesetzt.

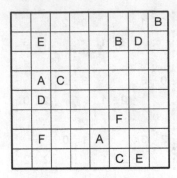

Abb. 10.8   Arukone: Zeichnen Sie waagerecht und senkrecht verlaufende Streckenzüge von Feld zu Feld ein, welche genau die Paare gleicher Buchstaben miteinander verbinden. Kein Feld darf dabei von mehr als einem Streckenzug durchzogen werden

Eine dritte Form der Aufgabenstellung im Zusammenhang mit Streckenzugrätseln wird in Abb. 10.8 gezeigt. In dem entsprechenden Rätsel müssen mehrere separate Streckenzüge ins Gitter eingezeichnet werden. Naheliegenderweise werden Rätsel dieser Art gelegentlich Verbindungsrätsel genannt. Wir weisen aber noch einmal darauf hin, dass die Bezeichnungen in diesem Kapitel keinen universellen Standard in der Rätselszene darstellen.

Andere Gitterformen und weitere Rätselarten

Schon weiter vorn hatten wir angedeutet, dass nicht jedes Rätsel auf einem quadratischen Gitter basieren muss. Dass quadratische Grundformen verwendet werden, hat – neben praktischen Gründen – auch ästhetische Hintergründe. Rätselfreunde sind sehr angetan von Rätseln, die neben kniffligen Lösungswegen auch noch ein attraktives Äußeres besitzen. In der Hinsicht sind regelmäßig aufgebaute Gitter natürlich leichter zu handhaben.

Aus rätseltechnischer Sicht gibt es aber vergleichsweise wenige Gründe, warum ausgerechnet ein quadratisches Gitter benötigt wird. In ein paar Fällen (z. B. bei Lateinischen Quadraten) sind Worte wie „Zeile", „Spalte" oder ähnliche Begriffe unentbehrlich, um die Anleitungen sauber zu formulieren. Die meisten anderen Rätselarten könnten aber genauso gut auf anderen Gittern existieren.

Wenn wir an Füll-, Platzierungs-, Zerlegungs- und Streckenzugrätsel denken, ist häufig ein bestimmter Aspekt unverzichtbar, nämlich die Frage, unter welchen Umständen zwei Gitterfelder als benachbart gelten. Dieser Begriff lässt sich jedoch allgemeiner auf Gittern mit beliebigen Polygonen als Feldern definieren: Je nach Rätselart können dann wahlweise zwei Felder benachbart heißen, wenn sie ein Kantenstück oder mindestens einen Eckpunkt gemeinsam haben.

Dass es selbst im Reich der Füllrätsel viel Spielraum für mögliche Gitterformen gibt, mögen die beiden Rätsel in Abb. 10.9 und in Abb. 10.10 demonstrieren. Das erste Rätsel verwendet ein Sechseckgitter (reguläre Sechsecke gehören zu den Formen, mit denen sich eine Ebene komplett überdecken lässt). Im zweiten Rätsel ist zwar ein zugrunde liegendes Quadratgitter zu erkennen, die Felder bestehen teilweise jedoch aus mehreren Quadraten und sind folglich unterschiedlich groß. Für diese Art des Gitters ist in der Rätselwelt keine einheitliche Bezeichnung bekannt; ich habe

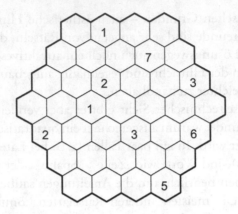

Abb. 10.9 Hexagonal-Rätsel: Tragen Sie die Ziffern 1 bis 7 so ein, dass keine Reihe (in einer der drei möglichen Ausrichtungen) eine Ziffer mehrfach enthält

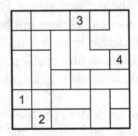

Abb. 10.10 Schrulliges Quadrat: Tragen Sie die Ziffern 1 bis 5 so ein, dass jede der Ziffern in jeder Zeile und jeder Spalte genau einmal vorkommt. In Gebiete, die über mehrere Zeilen oder Spalten reichen, soll dabei nur eine Ziffer eingetragen werden; die entsprechende Ziffer soll jedoch als in jeder dieser Zeilen bzw. Spalten enthalten gelten

in diesem Kontext schon den Begriff der „Felderkomplexe"
verwendet, in englischen Beschreibungen bin ich vereinzelt
auf das Adjektiv *wacky* (schrullig) gestoßen.

Zu guter Letzt gibt es eine Reihe von Rätseln, die überhaupt nichts mit Rätselgittern zu tun haben. Es lassen sich
beispielsweise Problemstellungen kombinatorischer Natur
finden, die rein logisch zu beantworten sind und insofern
zu den logischen Rätseln gezählt werden könnten. Das Skatproblem, das in Kap. 8 eine kurze Erwähnung fand, würde
zu dieser Problemklasse gehören. In der Welt logischer Rätsel finden solche Aufgaben aber in der Regel keine Berücksichtigung. Warum ist das so?

Das Ziel von Anhängern logischer Rätsel ist es (unter
Anderem), ihre Fähigkeiten im Rätsellösen kontinuierlich
zu verbessern. Dazu ist es hilfreich – obgleich nicht unbedingt notwendig –, wenn wiederholt verschiedene Rätselexemplare mit den gleichen Anleitungen erstellt werden.
Wird ein Rätsellöser wieder und wieder mit Rätseln mit
identischen Regeln konfrontiert, so hat er die Chance, sich
neue Lösungstechniken anzueignen und dadurch (und natürlich auch mit zunehmender Praxis) immer besser zu werden.

Kombinatorische Aufgaben wie die zuvor erwähnte fordern zwar auch das logische Denken des Lösers heraus,
jedoch in einer anderen Form. Einmal abgesehen davon,
dass man gewisse Parameter (bei dem Skatproblem zum
Beispiel die Anzahl der betrachteten Spielkarten) variieren
kann, bleiben solche Probleme nur kurzweilig, wenn sie
in immer neuen Gewändern auf einer grundsätzlicheren
Ebene gestellt werden. Damit verhalten sie sich allerdings

anders, als es von den meisten Lösern in der Rätselszene gewünscht wird.

Im Prinzip läuft es daraus hinaus, dass jede solche kombinatorische Aufgabe ihre eigene Rätselart darstellt. Zwar gibt es ein paar Problemstellungen, die sich nur in Kleinigkeiten (z. B. der Anzahl der Spielkarten bei Kartenspielproblemen) unterscheiden, doch im Normalfall muss man die Aufgabe und alle relevanten Parameter jedes Mal neu formulieren, damit keine Missverständnisse aufkommen.

Genau da liegt nun der Reiz von Sudokus und den vielen anderen Arten logischer Rätsel: Wenn man erst einmal die Regeln aufgenommen und verstanden hat, kann man immer wieder Rätselexemplare mit den gleichen Regeln lösen, ohne sich jedes Mal neu in das Problem hineindenken zu müssen.

Es gibt, das sollte nicht unterschlagen werden, einige anerkannte logische Rätselarten ohne Gitter. In vielen Fällen basieren solche Rätsel auf arithmetischen Grundelementen, und einer der bekanntesten Rätseltypen ist in Abb. 10.11 dargestellt. Das *Symbolrechnen* ist unter verschiedenen Namen bekannt, z. B. wird es manchmal *Alphametik* genannt; in anderen Quellen steht dieser Begriff für eine etwas größere Klasse von Rätseln.

Mitunter werden beim Symbolrechnen Buchstaben als Symbole verwendet, die so ausgewählt sind, dass sich lustige Wortkombinationen ergeben. Rätsel mit diesem zusätzlichen Anspruch sind jedoch sehr schwer zu erstellen. Dazu kommt noch, dass es nicht leicht ist, komplexe Lösungsschritte in den Lösungsweg einzubauen; in der Praxis hat eine ziemlich große Anzahl an Alphametikrätseln die Eigenschaft, dass sie nur schwer logisch zu lösen sind, dafür

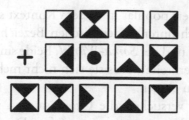

Abb. 10.11   Symbolrechnen: Ersetzen Sie die Symbole durch Ziffern, so dass eine korrekt gelöste Gleichung entsteht. Dabei stehen gleiche Symbole für gleiche Ziffern, unterschiedliche Symbole für unterschiedliche Ziffern

umso leichter durch Probieren. Das macht den Rätseltyp eher unattraktiv für Rätselwettbewerbe.

Bastelrätsel

Eine besondere Rätselgattung, die noch Erwähnung finden sollte, sind die sogenannten Bastelrätsel (englisch: *manipulative puzzles*). Mit diesem Begriff werden im Grunde genommen alle logischen Rätsel bezeichnet, bei denen die Löser wesentlich mit ihren Händen arbeiten, d. h. nicht nur ihre Lösung mit einem Bleistift eintragen bzw. einzeichnen müssen.

Bei manchen dieser Rätsel geht es darum, aus vorgegebenen „Bausteinen" eine bestimmte Form zusammenzusetzen – ungefähr so wie es bei einem Puzzle (im herkömmlichen Sinne) der Fall ist, allerdings mit etwas größerem logischen Gehalt; das *Tangram* ist ein bekanntes Beispiel. Gelegentlich sind die Aufgabenstellungen sogar dreidimensionaler

Natur. Besonders populär in diesem Kontext sind der *Zauberwürfel* (auch unter der englischen Bezeichnung *Rubik's Cube* bekannt) und der *Soma-Würfel*. Beide sind inzwischen allerdings so verbreitet, dass sie sich nicht mehr für Rätselmeisterschaften eignen.

Stattdessen versuchen die Organisatoren von Meisterschaften, neue Kreationen zu entwerfen. Das Ziel ist dabei nicht primär, ein Kultspiel wie den *Rubik-Würfel* zu entwickeln, welches die Löser noch jahrelang reizt, sondern einfach nur eine geistige Herausforderung für diesen einen Wettbewerb zu schaffen. Schon ein sehr schlichtes Rätsel kann die Teilnehmer verzücken. Häufig orientieren sich die Rätsel von den Regeln her an solchen, die auf Papier zu lösen sind. In besonders simplen Fällen bestand ein Meisterschaftsrätsel einfach nur darin, ein Stück Papier in eine gegebene Zielform zu falten.

Runden mit Bastelrätseln können sehr kuriose Erlebnisse liefern. Deutlich in Erinnerung geblieben ist mir die Deutsche Meisterschaft 2006, in der eine Runde mit drei Bastelrätseln vorkam. Bei einem der Rätsel bekamen die Teilnehmer einen Umschlag mit neun Tetris-Steinen, welche aus Würfeln in insgesamt sechs verschiedenen Farben zusammengesetzt waren. Die Aufgabe bestand darin, aus den Steinen ein 6 × 6-Quadrat so zu formen, dass jede Farbe in jeder Zeile und jeder Spalte genau einmal vertreten war – ein Lateinisches Quadrat also.

Die Teilnehmer kamen fast alle halbwegs gut mit dem Rätsel zurecht; einer jedoch schaffte es partout nicht, ein Quadrat mit den gewünschten Eigenschaften zu bilden. Nachdem die Rundenzeit abgelaufen war, schaute er zufällig noch einmal in den Umschlag und siehe da: Darin fand sich tatsächlich noch einer der Tetris-Steine! Er hatte versehentlich versucht, das Quadrat aus nur acht Steinen zusammenzulegen ...

Natürlich ist das ein Ausnahmefall; Aussetzer dieser Art sind eher eine Seltenheit. Bastelrätsel sind insgesamt weniger häufig bei Wettbewerben anzutreffen, da ihre Herstellung normalerweise schwieriger ist. Andererseits sind sie dort sehr gern gesehen, da sie den Teilnehmern etwas Auflockerung und Abwechslung bieten. In vielen der vergangenen Deutschen Rätselmeisterschaften und Rätselweltmeisterschaften kamen Runden mit Bastelrätseln vor.

Damit endet unsere Übersicht über die Rätselklassen, auf die man bei Meisterschaften stoßen kann. Trotz der Verschiedenartigkeit der Rätsel auf den vorangegangenen Seiten sollte klar sein, dass wir hinsichtlich der Vielfalt in der Welt logischer Rätsel nur an der Oberfläche gekratzt haben. Mittlerweile gibt es so viele Arten von Rätseln, dass es niemals möglich sein wird, sie alle sinnvoll aufzulisten.

Wie ein biologisches System ist die Rätselwelt ein wachsendes, sich ständig veränderndes Gebilde. Rätselarten werden neu erfunden, andere geraten in Vergessenheit und sterben quasi aus. Die Rätselautoren sind permanent auf der Suche nach neuen Kreationen, mit denen sie die Löser begeistern können; die Rätsellöser finden immer neue Techniken zum Lösen der von den Autoren bereitgestellten Produkte. Eins ist sicher: Die Rätselwelt wird für ihre Fans in absehbarer Zeit nicht langweilig werden.

11

Kooperatives Rätsellösen

Bevor wir uns endgültig von den logischen Rätseln abwenden, folgt noch eine letzte Betrachtung im Kontext von Rätseln aus einer gänzlich anderen Sichtweise. Bei Rätselweltmeisterschaften gibt es nicht nur eine Individualwertung, bei der die besten Einzelteilnehmer ermittelt werden, sondern auch eine Mannschaftswertung, wobei Mannschaften jeweils aus vier Startern der gleichen Nation bestehen. In diese Wertung gehen die vier Resultate der einzelnen Teammitglieder ein, zusätzlich aber auch speziell angelegte Teamrunden. Dies sorgt für einen interessanteren Mannschaftswettstreit und wird insofern generell als positives Element bei den Meisterschaften angesehen.

Teamrunden können einen völlig unterschiedlichen Charakter haben. In einer besonders einfachen Variante sitzen alle Mitglieder eines Teams zusammen am selben Tisch und müssen eine Reihe von unabhängigen Einzelrätseln lösen. Die „Strategie" jedes Teams besteht dann in der Zuordnung, wer welches Rätsel löst (naturgemäß haben Rätselfreunde bestimmte Vorlieben bei den diversen vorkommenden Rätselarten und ebenso bestimmte Abneigungen). Innerhalb des Teams sollte sichergestellt werden, dass jeder Teilnehmer nur Rätsel bekommt, die er erstens gern löst und die er zweitens auch gut und schnell lösen

I. Althöfer, R. Voigt, *Spiele, Rätsel, Zahlen*, DOI 10.1007/978-3-642-55301-1_11,
© Springer-Verlag Berlin Heidelberg 2014

kann – soweit das in der Gesamtauswahl der Rätsel dieser
Runde eben möglich ist.

Da sich die Teammitglieder in der Regel sehr gut kennen,
ist nicht davon auszugehen, dass es bei der teaminternen
Rätselzuteilung Probleme gibt. Derartige Runden sind daher noch vergleichsweise harmloser Natur, was Gehalt und
Spannung des Teamwettbewerbs angeht. Es gibt jedoch
auch kreativere Rundenmodelle, welche komplexere Elemente sowohl des individuellen als auch des gemeinsamen
Rätsellösens enthalten.

Teamrunden bei Meisterschaften

Bei der Rätsel-WM 2003 wurde eine Teamrunde namens
The weakest link (Das schwächste Glied) eingeführt, welche
sehr populär war und seitdem noch mehrmals in weiteren
Meisterschaften vorkam. Hierbei wird vorgeschrieben, dass
zunächst jedes Teammitglied separat ein Rätsel (oder eventuell auch mehrere) lösen muss; erst wenn alle vier Einzel-
starter ihre Aufgabe erfolgreich bewältigt haben, dürfen sie
noch an ein letztes, gemeinsam zu lösendes Rätsel herangehen.

Der Name von diesem Rundenmodus ist natürlich darauf zurückzuführen, dass das Teamergebnis – die gemeinsame Lösungszeit – entscheidend vom schwächsten Löser im
Team abhängt. Die Regeln haben mitunter schon zu ku-
riosen Resultaten geführt, wenn ein eigentlich erfahrener
Rätsellöser mit einer Individualleistung unter seiner Erwartung das ganze Team herunterzieht. In einem Fall wurde
sogar berichtet, dass ein Teilnehmer, der sein Einzelrätsel in

der gesamten Wettbewerbszeit nicht lösen konnte (weswegen das gemeinsame Rätsel gar nicht erst begonnen werden durfte), seine Federmappe frustriert durch den gesamten Veranstaltungssaal warf.

Derart emotionale Reaktionen sind natürlich eher selten. Insgesamt dienen solche Rundenkreationen wesentlich zur Auflockerung von Rätselmeisterschaften. Denn im Gegensatz zu den Einzelrunden, welche mit großen Klausurwettbewerben zu vergleichen sind, bringen Teamrunden einen deutlich höheren Unterhaltungsfaktor ins Spiel.

Es gibt noch zahlreiche andere Arten von Teamwettbewerben; sehr oft versuchen die Rätselautoren bei Meisterschaften, innovative Ideen in diesem Kontext zu entwickeln und in Form konkreter Rätsel umzusetzen. Manchmal besteht eine Teamrunde aus nur sehr wenigen Rätseln, die aber so groß sind, dass sie den kollektiven Einsatz aller Teammitglieder beim Lösen erfordern (im Extremfall nur aus einem einzigen Rätsel). In anderen Fällen sind diverse Einzelrätsel vorgegeben, die regeltechnisch so miteinander verbunden sind, dass sie die wiederholte Abstimmung oder zumindest Kommunikation der Teammitglieder untereinander erfordern.

In Abb. 11.1 ist eine Kreation der letztgenannten Art zu sehen. Die Runde, welche bei der Rätselweltmeisterschaft 2013 zum Einsatz kam, bestand aus acht Rätseln auf gleich großen Rätselgittern, welche aber jeweils nur halbiert vorgegeben waren, und die Löser mussten die Rätsel erst zusammensetzen, bevor sie sie lösen konnten. Als zusätzliche Schikane waren die Bruchstücke der Rätselgitter nicht als lose Blätter gegeben, sondern auf einer drehbaren Tischplatte aufgeklebt.

Abb. 11.1 In einer Teamrunde der Rätselweltmeisterschaft 2013 lösen die Mitglieder der deutschen Mannschaft (v. l. n. r. Ulrich Voigt, Sebastian Matschke, Nils Miehe und Michael Ley) gemeinsam acht verschiedene Rätsel. © Rätselredaktion Susen

Das Team musste sich also immer wieder koordiniert um den Tisch herum bewegen, um alle Rätsel erfolgreich bearbeiten zu können. Wie man sich vorstellen kann, handelte es sich um eine sehr aufwendig gestaltete Rätselrunde, und die meisten Teamrunden sind, was die Bereitstellung für die Meisterschaftteilnehmer angeht, mit deutlich weniger Aufwand verbunden. Dennoch kommen erfahrungsgemäß solche Projekte bei den Lösern besonders gut an. Dadurch ergibt sich für die Organisatoren der Meisterschaften der Reiz, immer wieder neue Rätselvorstellungen umzusetzen.

Das Teamexperiment

Im Rahmen eines Treffens von etwa zwanzig Rätselfreunden habe ich Anfang 2014 einen Teamwettbewerb oder vielmehr ein Teamexperiment veranstaltet, dessen Ziel es war, Erkenntnisse über die bestmögliche Herangehensweise bei Teamrunden zu gewinnen. Angesichts der zuvor geschilderten Vielfalt von Teamrunden bei Rätselmeisterschaften ist es praktisch unmöglich, universell anwendbare Resultate zu erzielen. Dennoch war ich neugierig, was sich möglichst allgemein über Strategien beim kooperativen Rätsellösen sagen lässt.

Das Experiment beschränkte sich auf Runden, bei denen die Aufgabe für das Team darin besteht, ein einziges Rätsel so schnell wie möglich gemeinsam zu lösen. Zu diesem Zweck wurde zunächst eine Reihe von Einzelrätseln erstellt, deren Regeln allen Teilnehmern bereits bekannt waren, deren Größe jedoch über dem Durchschnitt von bei Meisterschaften anzutreffenden Exemplaren liegt.

Grundsätzlich ist das gemeinsame Bearbeiten von einem einzigen Rätsel nur dann sinnvoll, wenn es so groß ist, dass jedes Teammitglied in der Lage ist, Beiträge zum Lösen zu leisten. Wenn wir beispielsweise an Sudokus der Standardgröße 9 × 9 denken, so kann – und wird – es sich ergeben, dass mitunter ein einzelner Teilnehmer das Rätsel schon in einer so guten Zeitspanne lösen kann, dass die Anwesenheit der anderen Teammitglieder kaum noch eine Verbesserung gestattet.

In der Hinsicht gilt es zu berücksichtigen, dass sich die Mitglieder eines Rätselteams prinzipiell völlig unterschiedlich in den Lösungsprozess einbringen können. Einerseits können mehrere Personen gleichzeitig Lösungskomponenten in verschiedene Teile des gegebenen Rätselgitters eintragen bzw. einzeichnen, was jedoch bei einer geringen Gittergröße ersichtlich unhandlich ist und ganz nebenbei auch zu Missverständnissen führen kann, wenn beispielsweise unterschiedliche Gewohnheiten oder Handschriften der Löser ins Spiel kommen.

Andererseits können die Teammitglieder schlicht verbale Hinweise geben, die ein ausgewähltes, „schriftführendes" Mitglied dann beim Lösen umsetzen kann. Gegebenenfalls können die Herangehensweisen auch kombiniert werden, um ein optimales Ergebnis zu erzielen.

Ein Durchgang des besagten Wettbewerbs bestand immer nur aus einem einzigen Rätsel, dessen Größe so gewählt war, dass mehrere Personen Platz hatten, gleichzeitig im Rätselgitter zu arbeiten. Zum Vergleich der möglichen Strategien beim gemeinsamen Lösen wurden dann jeweils explizite Vorgaben gemacht, welche Arten der teaminternen Kooperation und Kommunikation erlaubt waren. Der Wettbewerb fand trotzdem insgesamt in einer lockeren Atmosphäre statt, denn die Rätsel sollten in erster Hinsicht immer noch Spaß machen.

Keines der Ergebnisse, die das Experiment geliefert hat, ist als überraschend zu bezeichnen. Aufgrund der geringen Datenmenge wäre es ohnehin vermessen, bei Abweichungen von den Erwartungen von revolutionären Erkenntnissen zu sprechen. Aber in fast jeder Hinsicht ließen sich die Resultate allein durch den gesunden Menschenverstand begründen.

Zunächst wurde sehr klar deutlich, dass die Lösezeiten der Rätselteams nahezu durchgehend besser als die parallel von Einzellösern erzielten Zeiten waren. Bei dem Experiment bestanden Teams immer aus drei Personen, und durch das gemeinsame Arbeiten wurden Leistungsverbesserungen von bis zu 50 % erzielt. In der Hinsicht gab es also überhaupt keine Überraschungen.

Obwohl es dahingehend keine fundierten Daten gibt, kann man rationalerweise vermuten, dass – natürlich je nach Beschaffenheit der ausgewählten Rätsel – durch kooperatives Vorgehen im Idealfall sogar zwei Drittel der Zeit eingespart werden können. Allgemeiner sollte gelten: Wenn jedes Teammitglied für sich mit maximaler Leistungsfähigkeit an dem gleichen Rätsel arbeiten kann, ohne dass es zu gegenseitigen Behinderungen kommt, müsste die gemeinsame Lösungszeit umgekehrt proportional zur Anzahl der Löser sein.

Das ist nur eine sehr grobe Behauptung, in welche mehrere vereinfachte Annahmen einfließen. Die Rechnung im vorigen Absatz kann nur Gültigkeit besitzen, wenn die Teammitglieder etwa gleich gut im Lösen der entsprechenden Rätsel sind. Besteht ein Team zum Beispiel aus einem starken Löser und zwei schwächeren Rätselfreunden, so sollte klar sei, dass auch beim gemeinsamen Lösen der stärkste Teilnehmer eine dominierende Rolle spielt und für die zu erwartende Lösungszeit des Teams gewissermaßen eine Gewichtung der Einzelleistungen vorgenommen werden müsste.

Darüber hinaus ist es nahezu unmöglich, ein Rätsel so zu gestalten, dass die Teilnehmer komplett ohne gegenseitige Behinderungen oder, sagen wir, Beeinträchtigungen arbeiten können. Insofern kann der Idealfall praktisch sowieso nicht eintreten. Korrekterweise muss man dazu sagen, dass es sich nur um statistische Betrachtungen handelt und in Einzelfällen die theoretische Erwartung durchaus erreicht oder sogar übertroffen werden kann.

Umgekehrt stellt sich die Frage, ob es Lösungstechniken gibt, die so kompliziert sind, dass sie erst durch die Anwesenheit mehrerer Personen vernünftig zum Einsatz kommen können. In diesem Fall würde die gemeinsame Lösungszeit noch unterhalb der zuvor genannten Schranke liegen können. Dieser Punkt ist schwer zu klären, da die Schwierigkeit von Lösungsschritten bei logischen Rätseln kaum konsistent messbar ist. In der Regel ist davon auszugehen, dass alle vorkommenden Lösungsargumente von einer einzelnen Person nachvollzogen werden können; spannend ist lediglich die Frage, wie schnell eines der Teammitglieder den besagten Lösungsschritt findet.

Vergleich von Teamstrategien

Bei dem zuvor erwähnten Wettbewerb wurden insgesamt vier verschiedene Strategievorgaben getestet. Bei der ersten Strategie gab es keine Einschränkungen, was die teaminterne Kommunikation angeht. Beim gemeinsamen Lösen war im Prinzip jede Form der Kooperation erlaubt, und die Teams durften während des Lösens entscheiden, wie sie vorgehen wollten. Wir wollen diese Strategie „improvisiert" nennen.

Die zweite Strategie, die wir mit dem Wort „individuell" bezeichnen wollen, sah vor, dass zwar jedes Teammitglied die Lösung bzw. Teile davon einzeichnen durfte, allerdings war verbale Kommunikation jeder Art verboten. Die dritte Strategie, welche die Bezeichnung „kooperativ" tragen soll, war ziemlich genau das Gegenteil: Gespräche mit anderen Teammitgliedern waren nach Belieben erlaubt, doch nur eine Person durfte jeweils schriftlich im Rätselgitter arbeiten.

Als letzte wurde noch eine reichlich ungewöhnliche Strategie vorgeschrieben, welche durch das Wort „reihum" treffend erklärt wird. Dabei darf nur eine Person aktiv lösen, d. h. schreiben, und Kommunikation ist ebenfalls nicht erlaubt. Allerdings darf der aktive Teilnehmer das Rätselblatt zu einem beliebigen Zeitpunkt an den nächsten weiterreichen. Da jener bereits vorher auf das Blatt schauen darf, kann er dann gegebenenfalls sofort Lösungsfortschritte einzeichnen.

Die Reihumstrategie stellte sich in dem Experiment als die am wenigsten erfolgreiche heraus. Das ist überhaupt nicht verwunderlich; wenn ein Teilnehmer seine Gedanken erst zu Papier bringen darf, wenn er an der Reihe ist, muss dieses Vorgehen schlechter sein als beispielsweise die improvisierte Strategie, bei der er sofort seine Notizen machen dürfte. Und auch gegenüber den anderen Strategien ist diese Vorgabe nur nachteilig.

Die improvisierte Herangehensweise lieferte sehr gute Ergebnisse, in manchen Fällen sogar die besten. Alle Teilnehmer kannten ja die Rätselarten und damit verbunden die wichtigsten Lösungstechniken schon, daher fiel es ihnen nicht schwer, sich ohne vorherige Absprache während des Lösens auf ein sinnvolles Vorgehen zu einigen.

Zwischen der individuellen und der kooperativen Strategie gab es keinen klaren Sieger, vielmehr hing die Rangfol-

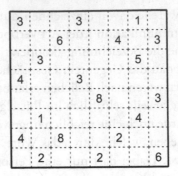

Abb. 11.2 Fillomino: Zerlegen Sie das Gitter entlang der Gitterlinien in Gebiete beliebiger Form und Größe und tragen Sie in jedes Feld eine Zahl ein. Dabei dürfen in einem Gebiet nur gleiche Zahlen stehen, und jede Zahl muss die Fläche des entsprechenden Gebiets angeben. Es darf auch Gebiete geben, in denen zu Beginn keine Zahl oder schon mehr als eine Zahl vorgegeben ist. Zwei gleiche Zahlen, die nicht zum selben Gebiet gehören, dürfen nicht waagerecht oder senkrecht benachbart sein

ge von den vorkommenden Rätselarten ab. Das ist eigentlich ebenfalls keine spektakuläre Erkenntnis, dennoch wollen wir den Sachverhalt noch ein wenig genauer beleuchten. Zur Demonstration betrachten wir eine weitere populäre Rätselart, das *Fillomino* (siehe Abb. 11.2).

Was die Regeln angeht, scheinen *Fillomino*-Rätsel zunächst nicht mehr oder weniger interessant als andere Rätsel zu sein, allerdings gibt es einen beachtenswerten Unterschied zu den meisten anderen Rätseltypen. Die Regeln sind ausschließlich „lokaler" Natur; damit ist gemeint, dass jede Regel sich nur auf einen kleinen Ausschnitt des Rätselgitters bezieht und keine Einschränkungen zur Lösung auf dem Rest des Gitters liefert.

Falls diese Aussage etwas verwirrend wirkt, hier anhand eines Beispiels eine klarere Darstellung: Wenn man in ein Gitterfeld die Zahl 4 einträgt, so besagen die Regeln, dass das Feld zu einem Gebiet aus genau vier Feldern gehören soll, von denen jedes eine 4 enthalten muss. Darüber hinaus fordert nur noch die letzte Regel, dass kein weiteres Gebiet der gleichen Größe unmittelbar an dieses Gebiet angrenzen darf.

Somit liegt alles, was die Regeln zu dem ursprünglich betrachteten Feld vorgeben, in einem Umkreis von vier oder fünf Feldern, und es lassen sich keine unmittelbaren Schlüsse für weiter entfernte Felder ziehen. Analoge Aussagen gelten für alle anderen Zahlen. Natürlich wird sich im Lösungsverlauf herausstellen, dass der Inhalt jedes Feldes implizit auch Einfluss auf den Rest des Gitters haben muss, sonst wäre die Lösung des Gesamträtsels ja nicht eindeutig. Aber allein regeltechnisch existieren keine derartigen Implikationen.

In dieser Hinsicht unterscheiden sich *Fillominos* von fast allen anderen Rätselarten. Die Rundwegrätsel aus dem vorigen Kapitel beinhalten jeweils mindestens eine „globale" Regel bezüglich des Zusammenhangs der einzuzeichnenden Streckenzüge. Ähnliches gilt für alle anderen Rätsel, die wir bisher vorgestellt hatten. Die Graphenrätsel besitzen eine gewisse Ausnahmestellung, denn die Färbung jedes Knotens wirkt sich zunächst nur auf in Frage kommende Färbung benachbarter Knoten aus; andererseits sollte man berücksichtigen, dass die Graphen, welche sich zum Beispiel aus Sudokus ergeben, sehr unübersichtlich sind und Kanten enthalten, die eigentlich quer übers Blatt verlaufen.

Daher sind Lateinische Quadrate, auch wenn man sie als Graphen darstellen kann, alles andere als Rätselarten mit lokalen Regeln. Eine an beliebiger Stelle eingetragene Zahl hat sofort Einfluss auf Felder am anderen Ende des Gitters. Man kann Rätsel, die auf Lateinischen Quadraten basieren, nicht sinnvoll lösen, ohne immer das gesamte Gitter im Auge zu behalten.

Genau an dem Punkt machen sich die Unterschiede in der Herangehensweise massiv bemerkbar. Für die individuelle Strategie sind *Fillominos* und andere Rätsel mit ausschließlich lokalen Regelelementen außerordentlich gut geeignet. Jedes Teammitglied kann erst einmal in einer anderen Ecke des Rätsels mit dem Lösen beginnen, und erst in der Endphase, wenn das Gitter fast komplett gefüllt ist, ist eine Abstimmung der Einzellöser erforderlich.

Je globaler die Regeln sind, umso erfolgreicher wurde die kooperative Strategie in dem experimentellen Teamwettbewerb. Zwar gab es im Detail Abweichungen von diesem Ergebnis, welche bei Studien größeren Umfangs sicher statistisch auszuwerten wären. Trotzdem deuten die Resultate darauf hin, dass es bei rein lokalen Rätselarten wie dem *Fillomino* im Allgemeinen am besten ist, wenn zunächst jedes Teammitglied einen Teil des Rätsels für sich löst. Dadurch kann die Lösungszeit am effektivsten ausgenutzt werden, und erst zum Schluss scheint ein Übergang in die kooperative Strategie sinnvoll zu sein.

Teil 3

Computer beim Schachspiel

12

Fernschach

Schachfreunde, die nicht am gleichen Ort sind, können „Fernschach" miteinander spielen: Die einzelnen Züge werden mit Post, Telefon, Fax, E-Mail oder mit Hilfe eines Internet-Servers übertragen. Das Ganze ist ziemlich aufwändig, weil für jeden einzelnen Zug eine eigene Übermittlung nötig ist.

Schickt man sich die Züge etwa mit Postkarten und zahlt für jede Karte 45 Cent Porto, dann kostet eine Partie bis zum 40. Zug (also 40 Karten von Weiß und 40 Karten von Schwarz) die beiden Spieler zusammen allein an Porto 80 × 0,45 Euro = 36 Euro. Hinzu kommen die Kosten für die Karten und der Zeitbedarf für den Weg zum Briefkasten.

Im 20. Jahrhundert war Fernschach mit Postkarten trotz der Portokosten sehr populär. Es wurden nationale und internationale Turniere ausgetragen, und seit 1947 auch Weltmeisterschaften. Ein bisschen Geld sparten die Spieler, indem sie ihre Karten als Drucksachen verschickten. Züge waren als Nummernfolgen kodiert, und für jede Ziffer (zwischen 1 und 8) hatte man ein kleines Stempelchen.

Die Bedenkzeit war im Allgemeinen wie folgt geregelt: Pro Zug hatte ein Spieler im Durchschnitt drei Tage. Dabei betrug bei einer Antwort an dem Tag, an dem die Postkarte des Gegners ankam, die Bedenkzeit null Tage. Die Zeit

I. Althöfer, R. Voigt, *Spiele, Rätsel, Zahlen*, DOI 10.1007/978-3-642-55301-1_12,
© Springer-Verlag Berlin Heidelberg 2014

für den Postweg wurde nicht gezählt. Das ehrliche Angeben der Ankunftstage der Karten gehört(e) zum Ehrenkodex der Spieler.

Üblich ist es, nicht einzelne Partien zu spielen, sondern gleichzeitig mehrere Partien eines Turniers. Bei einem Weltmeisterschafts-Finale sind das in der Regel 14 oder 16 Partien.

Mit dem Aufstieg des Internets wurde das klassische Postkarten-Fernschach mehr und mehr von den schnelleren elektronischen Varianten abgelöst. Zwar beträgt auch hier die durchschnittliche Bedenkzeit zwei oder drei Tage pro Zug, aber immerhin dauern die meisten Partien nicht mehr länger als ein Jahr, weil die Postwege entfallen.

Nicht kontrollierbare Hilfe

Fernschach hat ein prinzipielles Problem: Es ist so gut wie unmöglich, zu kontrollieren, ob ein Spieler Hilfe von außen bekommt. Deshalb ist es in den meisten Fernschach-Turnieren explizit erlaubt, während der laufenden Partien Schachbücher zu studieren (vor allem in der Eröffnungsphase und in den Endspielen), sich mit anderen Spielern zu beraten und seit dem Aufkommen starker Schachprogramme auch, diese für Analysen einzusetzen. Während es also schon „immer" Fernschach-Beratung gab, ist es in den letzten Jahren ausgeufert. Viele starke Spieler haben einen oder mehrere PCs rund um die Uhr laufen. Sie beschränken sich aber nicht auf das reine Ablesen und Ziehen der Computer-Vorschläge, sondern nutzen die Maschinen interaktiv. Bekannt ist etwa der „1 + 23"-Stunden-Modus.

Dabei hat der Mensch etwa eine (oder zwei) Stunden am Tag, die er zusammen mit seinen Computern analysiert. Am Ende solch einer Sitzung gibt er den Schachprogrammen Schlüsselstellungen, über denen sie in den nächsten 23 Stunden alleine brüten. Eine große Kunst besteht darin, zum einen die interaktive Zeit möglichst gut zu nutzen und zum anderen die richtigen Schlüsselstellungen zu identifizieren.

Inzwischen ist allgemein akzeptiert, dass Fernschach-Spieler Computerhilfe nutzen und dass niemand mehr einen Weltmeister-Titel ohne Maschinen-Unterstützung erringen kann. Um die Jahrtausendwende war das noch anders. 1999 wurde der Este Tõnu Õim zum zweiten Mal Fernschach-Weltmeister. Seinen ersten Titel hatte er 1982, also 17 Jahre vorher, gewonnen. Nach dem Sieg in 1999 behauptete Õim steif und fest, ganz ohne Computerhilfe gespielt zu haben. Das hinderte ihn aber nicht daran, seine Glanzpartien aus dem Turnier als E-Mail-Anhänge im Fritz5-Format zu verschicken (zur Erklärung: Fritz5 war damals eines der führenden kommerziellen Schachprogramme). Außerdem stellte sich einige Zeit nach dem Sieg heraus, dass Õim sich in „manchen" Stellungen von finnischen Fernschach- Freunden hatte beraten lassen, und über deren Computer-Nutzung hat er keine Aussage gemacht.

Die Anfänge des Computer-Einsatzes im Fernschach

Heinrich Burger aus Berlin ist ein Fernschach-Großmeister. In den 1990er Jahren war er sogar einer der führenden Fernschach-Spieler weltweit. Wie es dazu kam, erzählte mir im neuen Jahrtausend ein starker Fernschach-Spieler aus Jena, der Ende der 1980er Jahre auch zur DDR-Fernschach-Nationalmannschaft gehörte.

Fernschach ist eigentlich ein Einzel„sport"; trotzdem gibt es auch Mannschaftskämpfe und Nationalmannschaften. Die DDR-Spieler pflegten ihren Teamgeist. Dazu trafen sie sich ab und an im richtigen Leben reihum an den Wohnorten der einzelnen Spieler. 1988 war Heinrich Burger in Berlin-Birkenwerder der Gastgeber. Der Jenaer Spieler kehrte anschließend verstört nach Thüringen zurück: „Ihr glaubt nicht, was ich erlebt habe." „Ja, was denn?" „Der Heinrich Burger nutzt mehrere verschiedene Schachcomputer für seine Fernpartien. In einer Nachbarwohnung hat er ein kleines Zimmer angemietet. Dort laufen drei Mephisto-Schachcomputer rund um die Uhr und rechnen an den aktuellen Stellungen aus seinen Fernpartien." Einige Jahre später holte die DDR-Mannschaft bei der Fernschach-Olympiade die Bronze-Medaille, vor allem durch das gute Abschneiden von Heinrich Burger. Diese Olympiade war übrigens erst 1993 abgeschlossen – da gab es die DDR schon lange nicht mehr.

Als irgendwann (im neuen Jahrtausend) fast jeder starke Fernschachspieler Computerhilfe nutzte, war Burgers Spielstärke wieder auf „normalem" Niveau; er, der zwischenzeitlich fast wie ein Vogel über allen hatte fliegen können, verlor das große Interesse.

Remis-Seuche und Lasker-Schach

Inzwischen sind die Schachprogramme so stark und ihre Benutzung beim Fernschach so weit verbreitet, dass auf hoher Ebene fast alle Partien unentschieden ausgehen. Ein Beispiel ist die Endrunde der 26. Fernschach-WM, die Mitte Februar 2014 kurz vor ihrem Abschluss stand. Von den 136 Partien waren 134 beendet. Von den 134 Partien endeten 109 unentschieden (81,3 Prozent), 20 endeten mit einem Sieg, und die anderen 5 Partien wurden durch Turnierrücktritte als Sieg für einen Spieler gewertet. Es ist also fast schon so wie beim Mühlespiel.

Arno Nickel, Schach-Verleger und starker Fernschach-Großmeister aus Berlin, hat sich viele Gedanken gemacht, wie die Remisquote gesenkt und dadurch die Attraktivität des Fernschachs wieder erhöht werden könnte. Sein wichtigster Vorschlag betrifft die Einführung eines „Pattsieges". Beim „normalen" Schach endet eine Partie auch dann unentschieden, wenn ein Spieler am Zug ist, nicht im Schach steht, aber keinen regulären Zug mehr hat. Man sagt, der Spieler sei pattgesetzt worden. Siehe als Beispiel das Bauernendspiel in Abb. 12.1.

Nickel führt neben den üblichen Stufen „Sieg, Remis, Niederlage" kleine Siege ein: Wer den Gegner pattsetzt, bekommt 0,75 Punkte, der Gegner immerhin noch 0,25 Punkte. Mit seinen Zielen ist Nickel bescheiden. Wenn in Zukunft beim normalen Spitzenfernschach 95 Prozent

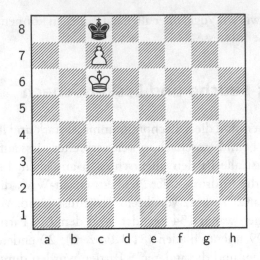

Abb. 12.1 Schwarz ist pattgesetzt

der Partie unentschieden enden und bei seiner Variante nur 90 Prozent mit solch einem 0,5 : 0,5, wäre er schon zufrieden.

Bereits Emanuel Lasker (der gleiche, der auch Lasker-Mühle vorgeschlagen hat) hatte 1917 einen ähnlichen, technisch aber komplizierteren Vorschlag gemacht. Ihm zu Ehren hat Nickel seine Schachversion „Lasker-Schach" genannt. Es bleibt abzuwarten, ob die Fernschach-Szene auf das Lasker-Schach anspringt.

Der Informatik-Student Marco Bungart hat in seiner Masterarbeit Endspiel-Datenbanken für das Lasker-Schach berechnet: alle 4-Steiner und einige ausgewählte 5-Steiner, insbesondere das Endspiel König, Turm und Bauer gegen König und Turm und auch das Endspiel König, Turm und Läufer gegen König und Turm. Es ändert sich einiges. Ins-

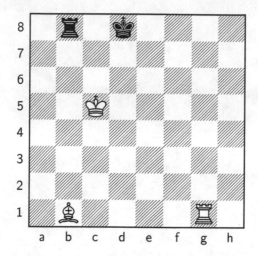

Abb. 12.2 Weiß am Zug setzt in 43 Zügen patt. Gewinnen durch Matt kann er diese Stellung gegen perfekte Verteidigung nicht

gesamt ist aber der Anteil an Stellungen, bei denen zwar ein Pattsieg, aber kein richtiger Sieg möglich ist, viel kleiner als der Anteil normaler Siegstellungen. Diese Beobachtung könnte ein Indiz dafür sein, dass Lasker-Schach vielleicht doch keine so gute Abhilfe des Problems mit der Remis-Seuche ist. Abbildung 12.2 zeigt eine extremale Stellung, die bei beiderseits bestem Spiel zu einem Pattsieg für Weiß führt. Bis dahin dauert es 43 Züge.

13

Das 3-Hirn

Es kann Sinn haben, Phasen zwischen zwei Lebensabschnitten zu nutzen, um etwas ganz Anderes auszuprobieren. Manche jungen Leute machen nach dem Abitur und vor dem Studium eine weite Reise. Manche alten Arbeitnehmer probieren vor dem „wirklichen" Ruhestand etwas ganz Neues. Der theoretische Physiker *Bernd Brügmann* hat 1993 zwischen Promotion und erster Postdoc-Stelle ein revolutionäres Computer-Go-Programm geschrieben und dabei das Konzept des „Monte-Carlo-Go" eingeführt [Brügmann (1993)].

Auf meinem Lebensweg habe ich an zwei Stellen bewusst innegehalten: Zwischen der Assistentenstelle in Bielefeld und meiner Professur in Jena war ich im Sommer 1994 für ein Semester Gaststudent an einem theologischen Seminar. Erzählen will ich hier aber über das 3-Hirn-Konzept, das im Frühjahr 1985 zwischen meiner letzten harten Diplomprüfung und der Doktorandenstelle entstand.

I. Althöfer, R. Voigt, *Spiele, Rätsel, Zahlen*, DOI 10.1007/978-3-642-55301-1_13,
© Springer-Verlag Berlin Heidelberg 2014

Das 3-Hirn-Konzept und erste Experimente

Ich wollte einen seit der Jugendzeit gehegten Traum realisieren: den Einstieg in die Schachprogrammierung. Weil ich aber kein begnadeter Programmierer war, suchte ich nach einem neuen Weg; „Überholen ohne einzuholen" hätte Erich Honecker es genannt. Was wäre, wenn ich ein Programm schriebe, das „nur" aus den Zug-Vorschlägen von zwei verschiedenen schon existierenden Schachprogrammen X und Y die Endauswahl träfe? Wenn X einen Zug x wollte und Y einen Zug y, dann hätte „der Auswähler" nur zu entscheiden, ob x oder y gespielt würde.

Solch ein Auswahl-Programm müsste die taktischen Aspekte des Schachspiels gar nicht verstehen, weil ja die beiden Programme X und Y Vorschläge berechnen, die ihrer Meinung nach in Ordnung sind. Das Auswahl-Programm könnte nach ganz anderen Kriterien entscheiden, welchen von den beiden Vorschlägen es realisiert. Insbesondere könnte es versuchen, Mustererkennung einzusetzen und langfristige Pläne zu realisieren, was damals (1985) in den normalen Schachprogrammen gar keine Rolle spielte.

Als Vorabtest wollte ich statt eines Auswahl-Programms einen menschlichen Schachspieler mit der Aufgabe des Auswählens betrauen. Weil ich selbst begeisterter Vereins-Schachspieler war, fiel die Wahl der ersten Versuchsperson leicht: Ich selbst würde die Rolle übernehmen.

Einen passenden Namen für das Gesamtsystem hatte ich übrigens gleich vor Augen: „Dreihirn". „Drei" gibt die Anzahl der beteiligten Agierenden an: zwei Elektronenhirne

X und Y für die normalen Zugvorschläge und ein weiteres Hirn (egal ob nun Computerprozessor oder menschlicher Kopf) für das Auswählen. Auf den Namen Dreihirn war ich auch gekommen, weil damals ein Zeichentrickfilm „Das letzte Einhorn" in den Kinos lief und weil mir in Gustav Meyrinks Geschichtensammlung „Des deutschen Spießers Wunderhorn" eine Figur mit zwei Köpfen und dem Namen „Zweihirn" über den Weg gelaufen war. Etliche Jahre später, als der Dreihirn-Ansatz auch international Beachtung fand und ich etliche Amerikaner und Franzosen erlebt hatte, die sich mit der Aussprache von „Dreihirn" abquälten, änderte ich die Schreibweise in 3-Hirn ab („speak the i in Hirn like the i in Winter").

Eine Besonderheit des 3-Hirns ging in manche Köpfe schwer hinein: Der Auswähler im 3-Hirn hat kein Überstimmrecht. Er muss sich für x oder y entscheiden. Insbesondere gilt dies auch, wenn beide Programme den gleichen Zug x vorschlagen. Dann muss der Auswähler x nehmen.

Später, als der Plan, selbst ein Auswahl-Programm zu schreiben, ad acta gelegt war, habe ich das Veto-Verbot auf folgende Weise abgemildert: Die Programme liefen im Modus mit unendlicher Zeit, würden also von allein nie stoppen. Der Auswähler schaute auf die Anzeige ihrer Zugvorschläge und entschied selbst, wann er die beiden Programme stoppte. Dabei durfte er auch die zugehörigen Hauptvarianten und die Stellungsbewertungen berücksichtigen.

1985 besorgte ich mir zwei verschiedene Schachcomputer der Marke Mephisto und begeisterte acht Spieler aus lippischen Schachvereinen, an einem Experimentalturnier gegen das 3-Hirn teilzunehmen. Um die Spieler besonders zu motivieren, gab es – aus meiner eigenen Tasche – Geldpreise für die erfolgreichsten Teilnehmer. Zur Einordnung der Spielstärken: Damals hatten die meisten Vereinsspieler wenig Probleme, gegen normale Schachcomputer zu gewinnen. In insgesamt 20 Partien schlug sich das 3-Hirn wacker: 7 Siegen standen 13 Niederlagen gegenüber. Die Mephistos waren deutlich schwächer als der Auswähler, aber die Spielstärke des 3-Hirns lag ungefähr in der Mitte zwischen der Mephisto-Stärke und der meinigen.

Das Hobbymagazin „ComputerSchach & Spiele" brachte einen ausführlichen Bericht über das 3-Hirn-Konzept [Althöfer (1985)], der über die Grenzen Deutschlands hinaus Anklang fand. Es stellte sich heraus, dass der Ingenieur Helmut Weigel in Wien ganz unabhängig und praktisch zeitgleich etwas ähnliches erprobt hatte: vier verschiedene Schachcomputer und vier menschliche Auswähler. Später erweiterte er den Ansatz sogar auf fünf verschiedene Schachcomputer und fünf auswählende Menschen. Seine Erfolge waren aber nie ganz so groß: Vielleicht haben die vielen menschlichen Köche den Brei verdorben.

In den Folgejahren ergaben sich immer wieder Gelegenheiten, mit einem 3-Hirn Spielerfahrung zu sammeln. Das Besondere daran war, dass ich (fast) jedes Mal neue und spielstärkere Schachcomputer bzw. Schachprogramme zum Einsatz brachte.

1987 durfte mein 3-Hirn bei der offenen Bielefelder Vereinsmeisterschaft mitspielen. Nach einigen Startschwierigkeiten holte es am Ende den zweiten Rang und konnte dabei in der Schlussrunde sogar den damals frischgebackenen Meister von Nordrhein-Westfalen schlagen. Der Turniererfolg führte in der Bielefelder Zockerszene zu erregten Dis kussionen. Einige gestandene Schachmeister sahen das Ende der gewachsenen Schachkultur kommen (die normalen Schachcomputer waren damals noch nicht so stark, im Unterschied zum 3-Hirn). Auch mein Doktorvater, Prof. Rudolf Ahlswede, wurde in solche Diskussionen hineingezogen. Er fand die Sache aber einfach nur spannend.

1989 und 1992 durfte ich sogar Gelder aus seinem Lehrstuhletat einsetzen, um zwei 3-Hirn-Wettkämpfe gegen einen internationalen Schachmeister zu finanzieren. Den 1989er-Wettkampf gegen Dr. Helmut Reefschläger (Mathematiker und Schachprofi) verlor das 3-Hirn noch ziemlich klar mit 2,5 : 5,5. Anfang 1992 gab es gegen den gleichen Gegner eine 5 : 3-Revanche.

Inzwischen hatten auch Entwickler normaler Schachprogramme vom 3-Hirn Kenntnis genommen. So war mein 3-Hirn 1992 mehrfach als Sparringspartner des Parallel-Programms „Zugzwang" von der Uni Paderborn im Einsatz (mit einem Gesamtergebnis von 9,5 : 4,5 für das 3-Hirn). Für die Paderborner Doktoranden Rainer Feldmann und Peter Mysliwietz war das Training hilfreich: Bei der Computerschach-WM Ende 1992 erreichte „Zugzwang" den zweiten Platz.

Anfang 1993 durfte das 3-Hirn sogar zwei Partien gegen das damals führende Schachprogramm *Deep Thought* (Vorläufer von *Deep Blue*) austragen – über das noch nicht so populäre Internet. Das Ergebnis war eine 0,5 : 1,5-Niederlage, wobei das 3-Hirn in der Remis-Partie im späten Mittelspiel durchaus Gewinnchancen hatte, siehe Abb. 13.1.

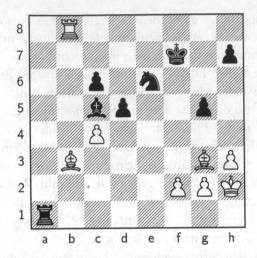

Abb. 13.1 Aus der zweiten Partie gegen Deep Thought. Das 3-Hirn hat Schwarz und spielt in dieser Stellung mit 41. d5-d4 auf Sieg. Das Alternativangebot war das remisträchtige Se6-d4

Das 3-Hirn in den Niederlanden

In Den Haag gab es viele Jahre lang ein großes und gut organisiertes Vergleichsturnier zwischen Schachcomputern und starken menschlichen Spielern. Ausrichter und Sponsor war der große Versicherungs-Konzern AEGON. Für 1993 bat ich um eine Teilnahme des 3-Hirns – auf Computerseite – und wurde freudig zugelassen. Für manche menschliche Spieler war das 3-Hirn ein besonders unangenehmer Gegner, weil sie sich auf die speziellen Schwächen von normalen Schachcomputern eingestellt hatten. Die konnte ich als Auswähler aber zu einem großen Teil vermeiden. Nach fünf von sechs Runden hatte das 3-Hirn vier Punkte (drei Siege und zwei Remisen) und spielte um den Turniersieg mit. In der letzten Runde wurde es aber vom Ex-Vizeweltmeister David Bronstein wie ein Tanzbär vorgeführt. Diese Niederlage war für mich im Nachhinein besonders schmerzlich, weil ich sie durch meine Naivität im Wesentlichen selbst verschuldet hatte.

Vor dem Turnier hatte mir der Bielefelder Studienkollege *Dr. Ulrich Tamm* helfen wollen. Er war (zusammen mit seinem Vater) auch Manager eines Schach-Bundesligisten. Seit Ende der 1980er Jahre setzte ihr Verein (SG Enger-Spenge) das Datenbank-Programm ChessBase für die Vorbereitung auf Mannschafts-Kämpfe ein. Wenn die für Enger-Spenge startenden Legionäre (auch ausländische Großmeister) zu den Spiel-Wochenenden anreisten, wurden sie direkt vor den Computer-Monitor gesetzt und bekamen (viele) Partien ihrer wahrscheinlichen Gegner gezeigt.

Als das Turnier in Den Haag anstand, hatte Uli auch für mich eine Diskette mit ChessBase-Material vorbereitet. Wir wussten, welche starken menschlichen Spieler in den Vorjahren in Den Haag mitgespielt hatten, und für jeden davon war auf der Diskette ein Ordner mit Partie-Notationen. Auch von David Bronstein waren 150 Partien auf dem Datenträger. Ich spielte die 150 auch brav am Vormittag – ein paar Stunden vor der letzten Runde – durch, war aber nicht in der Lage, die richtigen Schlüsse daraus zu ziehen. So lief ich in eine Eröffnung mit zugemauertem Zentrum, in der weder meine Programme noch ich als Auswähler die richtigen Pläne verstanden. Wir verloren ohne wirkliche Gegenchancen. Kurz vor Schluss blieb mir in hoffnungsloser Stellung nichts anderes, als Bronstein zuzuflüstern: „In a normal situation I would resign right now. But I want to make a few more moves for the audience." Der Altmeister lächelte nur und erwiderte: „Okay, play it for the audience."

Ein besonders erfreuliches Erlebnis passierte beim AEGON-Turnier nach einer der Runden. An der Bushaltestelle wartete ich mit meinen Computern. Neben mir saß *Hans Berliner* aus Pittsburgh, einer der Pioniere des Computerschachs. Mitte der 1980er Jahre war sein Programm „HiTech" mit Spezial-Hardware ganz an der Spitze des Computerschachs gewesen. Eigentlich war ich müde und ohne Drang nach Konversation.

Aber Berliner legte plötzlich los: „Es ist nicht gut, dass Sie mit dem 3-Hirn bei diesem Turnier mitspielen dürfen! Durch Ihr Auswählen haben Sie gegenüber den anderen Computer-Startern einen großen Vorteil." Prof. Berliner, den ich von Computerschach-Tagungen persönlich kannte, konnte als starker Schachspieler (unter anderem war er 1968 Weltmeister im Fernschach geworden) viel besser als andere einschätzen, wie viel ein klein wenig menschlicher Einfluss an den richtigen Stellen hilft.

Ich verteidigte mich höflich, erklärte auch, dass ich ja mit offenen Karten spiele: Die Veranstalter hätten von Anfang an gewusst, wie das 3-Hirn funktioniert, und hätten diese Information in der Turnierbroschüre auch an alle Teilnehmer weitergegeben. Berliner ließ aber nicht locker und wiederholte seine Bedenken.

Jetzt mischte sich zu meiner großen Überraschung der dritte Wartende ein: Es war Großmeister *Vlastimil Hort*, der in der zweiten Runde gegen das 3-Hirn gespielt hatte und dabei nicht über ein Remis hinausgekommen war. Hort ergriff meine Partei, befürwortete die Teilnahme des 3-Hirns und lobte auch die neuen Erkenntnisse, die der Einsatz des

3-Hirns bringe. Damit hatte Berliner wohl überhaupt nicht gerechnet – und ließ von mir ab.

Berliner und ich hatten die Unterhaltung auf Englisch geführt. Auch Vlastimil Hort brachte sich in gutem Englisch ein, was aber natürlich durch seine tschechische Einfärbung (den „gä-Bauern" kennt jeder, der Hort mal im deutschen Fernsehen als Kommentator erlebt hat) unverwechselbar originell war.

Jena und der 5-Jahres-Plan

Seit Herbst 1994 unterrichte ich an der Universität in Jena. Interessanterweise hatte Thüringen früh eine Computerschach-Szene, sogar schon vor der Wende. Im November 1994 fand ein gemischtes Turnier statt, organisiert von dem immer freundlichen Original Rainer Serfling. Erlaubt und erwünscht waren sowohl menschliche Teilnehmer als auch Schachprogramme. Ich fragte an und wurde mit dem 3-Hirn zugelassen.

Das Starterfeld im „Dorfkrug" zu Clodra bestand aus neun Programmen, drei Menschen und eben dem 3-Hirn. Gespielt wurden sieben Runden in vier Tagen, und für das 3-Hirn lief alles wie am Schnürchen. Zwar holten wir in Runde 1 nur ein Remis gegen das Schachprogramm „Genius 3", was auf einem besonders schnellen PC lief. Doch dann eilten wir von Sieg zu Sieg: Am Ende stand das 3-Hirn mit 6,5 Punkten auf Platz 1, dicht gefolgt von Genius 3, das 6,0 Punkte holte. Dann kam eine Lücke wie ein Grand Canyon: Das Programm auf Rang 3 hatte gerade mal 4 Punkte gesammelt. Der beste menschliche Spieler ergatterte respektable 3 Punkte.

Eine Situation mit Slapstick-Pointe zeigte, wie wenig damals manche Schachfreunde und Programm-Bediener verstanden, was Mensch und Computer gemeinsam schaffen können: In einer der Partien stand das 3-Hirn nach einer misslungenen Eröffnung lange Zeit unter Druck. Mit viel Geduld und umsichtiger Verteidigung konnten wir die Umklammerung aber abschütteln.

Als die Stellung wieder ausgeglichen und ruhig war, meinte Herr H, der das gegnerische Programm bediente: „So, jetzt können wir Remis vereinbaren." Ich schüttelte den Kopf: „Nein, jetzt geht es erst los." Der arme Mann starrte mich verwirrt an. Was er nicht verstanden hatte: Das 3-Hirn war im Spiel gegen normale Computerprogramme dann am stärksten, wenn die Stellung ruhig und ohne konkrete Ansatzpunkte für taktische Pläne war.

Zwei Stunden später stand das 3-Hirn auf Gewinn. Es hatte zwei Mehrbauern in einem Endspiel mit ungleichfarbigen Läufern. Solche Endspiele sind für einzelne Computer schwer zu behandeln, aber einfach für ein 3-Hirn. Abbildung 13.2 zeigt die Stellung nach dem 79. Zug des 3-Hirns.

Hier machte ich den Fehler, dem Gegner, der sein Programm ja nur bediente, meinen klaren Siegplan anzukündigen: „Jetzt mit dem Läufer von e2 über d1 und b3 nach d5; dann ist Schwarz erledigt." Herr H hörte zu, sagte aber nichts. Gemeint hatte ich, dass ich die Läuferzüge (e2-d1; d1-b3; b3-d5) an passenden Stellen aus den Vorschlägen meiner Programme auswählen wollte, wobei es bis zur Gesamtumsetzung der drei Züge wohl auch etliche planlose

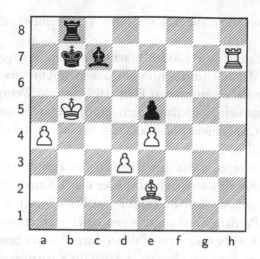

Abb. 13.2 Clodra 1994: Das 3-Hirn ist Weiß und hat gerade den Turm nach h7 gezogen

Zwischenzüge geben würde. Es kam aber anders: Innerhalb von vier Zügen war alles realisiert, und Schwarz verlor danach ganz schnell.

Fernsehreif war das Nachspiel am nächsten Morgen: Etliche Teilnehmer warteten schon auf dem Parkplatz vor dem noch geschlossenen „Dorfkrug", auch ich. Ein weiteres Fahrzeug kam näher, auf dem Beifahrersitz Bediener H. Noch während der Wagen ausrollte, riss er die Tür auf und stürzte heraus, Betrugsvorwürfe gegen mich brüllend.

Meine Beteuerungen, dass alles mit rechten Dingen zugegangen sei, akzeptierte er nicht. Auch andere Turnierteilnehmer konnten ihn nicht beruhigen. Als reiner Programm-Bediener ohne tieferes Schachverständnis konnte er sich nicht vorstellen, was ein Mensch mit Computerhilfe gegen einen allein „kämpfenden" Computer erreichen konnte.

Der Erfolg von Clodra brachte mir ein Preisgeld von 1000 DM ein – und schon auf der Heimfahrt nach Jena skizzierte ich einen großen Plan. 1999 würde Weimar, nur 20 km westlich von Jena gelegen, europäische Kulturhauptstadt sein, mit einem Riesenangebot aus sehr vielen verschiedenen Kultur-Bereichen.

Wie wäre es, wenn im Rahmen des Festes ein 3-Hirn gegen den weltbesten Schachspieler Garri Kasparow antreten könnte? Als Aufbau-Training wollte ich in jedem Jahr einen 8-Partien-Wettkampf gegen einen starken menschlichen Meister bestreiten und dabei durch immer bessere Ergebnisse nachweisen, dass das 3-Hirn für Kasparow ein würdiger Gegner war.

Im Laufe der Jahre machten wir, insbesondere auch ein Professor der Bauhaus"-Universität in Weimar, viele Pläne. Unsere verrückteste Idee war, die Stellungen aus dem Kasparow-Wettkampf mit Lasertechnik an die Unterseite der Wolken im Himmel über Weimar zu projizieren. Es wäre ein Spektakel sondergleichen geworden.

Bei den geplanten jährlichen Aufbau-Wettkämpfen sollte jedes Mal neue Hardware zum Einsatz kommen, und natürlich auch aktuelle Schachprogramme.

Für 1995 verpflichtete ich den Kölner Großmeister Christopher Lutz als Gegner. Das Ereignis stieg in Jena im Oktober, und Lutz gewann knapp mit 4,5 : 3,5: Nach einem Unentschieden in Runde 1 siegte er in den Partien 2 und 3; in Runde 4 holte das 3-Hirn seinen einzigen Sieg. Danach gab es nur noch vier Remisen, auch weil der Großmeister nach seiner einzigen Niederlage deutlich vorsichtiger zu Werke ging als vorher.

Im Juni 1996 erlebten meine Kasparow-Pläne einen Dämpfer. Nach 1993 nahm das 3-Hirn zum zweiten Mal bei dem Mensch-Computer-Turnier in den Niederlanden teil. Auf der Hardware-Seite hatte ich gegenüber 1993 aber nur minimal aufgerüstet: Die Programme liefen auf zwei einfachen Laptops mit bescheidener Prozessor-Leistung. Dafür waren die eigentlich baugleichen Geräte (eines in dunkelgrau, das andere in weiß) aber zierlich und wirklich hübsch anzuschauen neben dem Schachbrett. Leider achteten die Gegner nicht auf die Optik, sondern nur auf die schachlichen Schwächen des Systems. Bam, bam, bam flogen uns die guten Züge nur so um die Ohren.

Nach den sechs Runden hatte das 3-Hirn gerade mal 3,5 Punkte: 2 Siege, 3 Remisen und eine Niederlage. Insgesamt am meisten Spaß machte mir noch die Partie gegen Sofia Polgar in Runde 5. In der sizilianischen Eröffnung folgte ich dem Chaos-Vorschlag eines des Programme und opferte einen Bauern, obwohl ich das Opfer gar nicht verstand. Die Gegnerin, die mittlere der drei berühmten Polgar-Schwestern aus Ungarn, schüttelte nur den Kopf, lächelte kurz und nahm den Bauern. Die Stellung des 3-Hirns erwies sich rasch als hoffnungslos. Aber ich schaffte es, die Partie in ein Endspiel mit Turm, Springer und Bauern auf beiden Seiten zu schleppen. Polgar biss sich bei ihren Gewinnversuchen längere Zeit die Zähne aus, ehe wir im 67. Zug remis vereinbarten.

Doppel-Fritz mit Boss

Oft lösen Rückschläge neue Ideen aus. In den Partien von Den Haag gab es mehrere Situationen, bei denen beide Programme des 3-Hirns den gleichen schlechten Zug wollten und ich somit keine Auswahl hatte. Nach dem schwachen Abschneiden rumorte es in mir. Ein paar Wochen später war die Idee von „Doppel-Fritz mit Boss" geboren.

Seit 1994 gab es einige PC-Schachprogramme, die im Analyse-Modus für die vorliegende Stellung nicht nur den ihrer Meinung nach besten Zug ausrechneten, sondern die zwei besten – oder auch die k besten, wobei der Benutzer die Anzahl k selbst vorgeben konnte. Ich, der Boss, ließ das Programm Fritz4 im 2-Best-Modus laufen (also „Doppel-Fritz" statt einfacher Fritz), schaute mir dann die Zugkandidaten samt Bewertungen und Hauptvarianten an und traf meine Auswahl. Abbildung 13.3 zeigt „Doppel-Fritz mit Boss" als Gebilde im Smilie-Stil.

Oft erkennt man als Mensch an einer Hauptvariante, wenn ein Schachprogramm Unsinn rechnet oder an einem Horizonteffekt laboriert. Auch kann man es als Indiz für die Qualität eines Zuges werten, wenn dieser auch in der Hauptvariante des anderen Kandidatenzuges vorkommt. Abbildung 14.2 zeigt eine Beispiel-Stellung aus der Partie Z gegen Torsten Lang, Lampertheim 2002.

Das Programm Fritz5 schlägt als seine erste Wahl den direkten Vorstoß des c-Bauern vor und als Alternative das Damenschach auf a4. In den folgenden zwei Zeilen ist die Zahl am Anfang die Stellungsbewertung. Dann folgt der

Abb. 13.3 Doppel-Fritz mit Boss als Smilie-Ensemble

Zugvorschlag mitsamt seiner Hauptvariante.

+0.44 7.c5 Sf6 8.Da4+ Ld7 9.Db4 Sg4 10.cxd6

+0.41 7.Da4+ Ld7 8.Db4 Db8 9.c5 dxc5 10.Lxc5

Für Menschen wirkt der Bauern-Vorstoß ungewöhnlich. Man denkt eher an die Entwicklung des Sg1 oder des Lf1.

Als erste Testmöglichkeit in der Nähe von Jena bot sich das Sommerturnier in Apolda an. Die Ausrichter erlaubten meinem Team die Teilnahme; ich hatte von vornherein an auf alle Preise verzichtet.

Es spielten insgesamt 133 Teilnehmer sieben Runden im Schweizer System. Doppel-Fritz startete mit drei Siegen, gefolgt von drei Remisen (gegen Großmeister Kuczinski, FIDE-Meister Machelett und einen starken Berliner). Zum Schluss gewann mein Team noch einmal gegen einen Internationalen Meister aus Dresden. So hatten wir 5,5 Punkte gesammelt, was den geteilten dritten Rang bedeutete. Das war eine gelungene Probe, und ich beschloss, beim Großmeister-Wettkampf im Herbst auch Doppel-Fritz mit Boss statt des klassischen 3-Hirns einzusetzen.

Im Oktober 1996 kam Großmeister Gennadi Timoschenko zu einem 8-Runden-Wettkampf nach Jena. Es wurde ein enges Duell mit intensiv ausgekämpften Partien. Bei allen vier Spielen mit Weiß eröffnete ich mit dem Königsbauern, also 1. e2-e4. Timoschenko erwiderte jedes Mal mit der Caro-Kann-Verteidigung 1...c7-c6. Unvergesslich bleibt mir Runde 4, in der „Timo" auch Schwarz hatte.

Zum einen war der Psychologe *Dr. Reinhard Munzert* bei der Partie in Jena anwesend. Munzert hatte ein Buch über Schachpsychologie geschrieben [Munzert (1988)]. Für ihn war beim 3-Hirn interessant, wie ich als menschlicher Part verstärkt auf Aspekte achtete, für die ein normaler Turnierspieler während einer laufenden Partie keine Ressourcen hat. So kann ich Körpersprache und andere unbewusste Signale des Gegners aufnehmen und versuchen, Schlüsse daraus zu ziehen.

Nach Timoschenkos Zug 7. ...h6 entstand die Stellung in Abb. 13.4.

Fritz4 war noch im Eröffnungsbuch und schlug das Springeropfer 8. Sg5 x e6 vor. Ich selbst kannte die Theorie der Variante kaum und hatte auch dieses Opfer noch nie gesehen. Für mich wirkte der Zug sehr interessant: Die Stellung würde hochtaktisch werden, was dem Doppel-Fritz-Team wegen der Computerkomponente und seiner taktischen Stärke gute Chancen geben sollte.

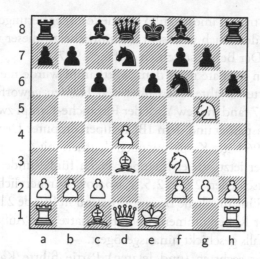

Abb. 13.4 Aus der 4. Partie von Doppel-Fritz mit Boss gegen Timoschenko (1996) und später auch aus der 6. Partie zwischen Deep Blue und Kasparow (1997). Weiß am Zug wird mit 8. Sxe6 eine Figur opfern

Überrascht war ich, als Timoschenko relativ zügig antwortete. Dabei erweckte er überhaupt nicht den Eindruck, als mache er sich wegen des Opfers irgendwelche Sorgen. Noch überraschter war ich nach der Partie, als der Großmeister bei der Analyse verriet, er habe Sxe6 auch nicht gekannt. Jedenfalls fand Timoschenko starke Züge, und im Laufe der Partie musste ich als Weißer hart um das Überleben kämpfen. Auch Munzert war von „Timos" Vorstellung beeindruckt.

Der Wettkampf endete mit einem 4,5 : 3,5-Sieg für Doppel-Fritz mit Boss. Es gab einen Bericht darüber im internationalen Computerschach-Journal [Althöfer (1997)].

Zudem trug Timoschenko Partiekommentierungen bei, insbesondere auch eine sehr ausführliche zu dieser vierten Runde. Der Bericht erschien Anfang 1997.

Sieben Monate nach dem Wettkampf wurde mein ambitionierter 5-Jahres-Plan über den Haufen geworfen. Im Mai 1997 fand in New York der Revanche-Kampf zwischen Garri Kasparow und dem IBM-Supercomputer Deep Blue statt. 1996 hatte Kasparow noch deutlich mit 4 : 2 gewonnen. Aber jetzt war es knapper: Nach fünf Runden stand es unentschieden 2,5 : 2,5. Kasparow war nervlich angespannt. Eine mögliche Betrugssituation in Runde 2 ließ ihn nicht zur Ruhe kommen, und IBM hatte eine Aufklärung des Vorfalls geschickt hinausgezögert.

In der sechsten (und letzten) Partie führte Kasparow die schwarzen Steine, spielte Caro-Kann und wurde in genau der gleichen Stellung wie Timoschenko beim Jenaer Wettkampf mit dem Opfer 8.Sxe6 konfrontiert (siehe Abb. 13.4). Deep Blue hatte diesen Zug nicht selbst berechnet, sondern aus seiner Eröffnungs-Datenbank übernommen. Kasparow war geschockt, verpasste die beste Verteidigung und gab im 19. Zug völlig demoralisiert auf.

Ich hatte das Spiel im Internet live verfolgt und erinnerte mich natürlich sofort an die Partie von Doppel-Fritz gegen Timoschenko. Nach dem Einschlag auf e6 war ich gespannt, wie sich Kasparow auf dem Brett verteidigen würde, und war dann enttäuscht von seinem schnellen Zusammenbruch.

Die sensationelle Niederlage von Kasparow wurde weltweit intensiv diskutiert. Es erinnerten sich Schachjournalisten sogar an die 1996er Partie zwischen Doppel-Fritz und Timoschenko. Die altehrwürdige „London Times" wies in ihrer Schachspalte darauf hin, dass Kasparow wohl gut daran getan hätte, das ICCA-Journal zu studieren und darin auch die Kommentare von Großmeister Timoschenko zu der kritischen Eröffnung. Etwas später kam ein pikantes Detail heraus: In den 1980er Jahren war Timoschenko einer von Kasparows Sekundanten bei dessen WM-Kämpfen gegen Anatoli Karpow gewesen. Der (Welt)Meister hätte also die Analysen seines ehemaligen Helfers studieren sollen.

Schwanengesang

Für mich war Kasparows Niederlage gegen Deep Blue eine Katastrophe. Den Plan, 1999 in Weimar als 3-Hirn gegen ihn anzutreten, konnte ich wohl vergessen. Jetzt würde es nicht mehr gelingen, Sponsoren für solch ein Ereignis zu finden. Genau so kam es. Ein angefragter Manager erklärte mir: „Wieso sollen wir ein Ereignis bezahlen, bei dem Kasparow gegen ein System aus zwei Computern und einem Menschen antritt, wenn schon ein einzelner Computer in der Lage war, ihn zu schlagen?" Es sei der Öffentlichkeit nicht gut zu vermitteln, dass es dieses Mal um zwei Aldi-PCs und kommerzielle Software ginge und nicht um einen Supercomputer.

Trotzdem spielte ich im September 1997 den schon geplanten weiteren Wettkampf mit dem 3-Hirn. Dieses Mal ging es gegen Artur Jussupow. In den frühen 1980er Jahren war er die Nummer 3 der Weltrangliste gewesen. Nach einem traumatischen Raubüberfall in seiner Moskauer Wohnung – er wurde durch den Gewehrschuss eines Einbrechers lebensgefährlich verletzt – wechselte er 1991 nach Deutschland und war hier jahrelang unangefochten die Nummer 1.

Zum Einsatz kam dieses Mal ein „Listen-3-Hirn", als Kombination aus klassischem 3-Hirn und dem Doppel-Fritz mit Boss. Es liefen wieder zwei verschiedene Schachprogramme auf zwei PCs, aber dieses Mal jedes im 3-Best-Modus. Als Entscheider verfolgte ich auf den Bildschirmen die zwei mal drei Zugvorschläge, ihre Bewertungen und Hauptvarianten und wählte davon aus.

Um den Einfluss der Eröffnungstheorie auszuschalten, spielten wir die Partien mit zufällig ausgewürfelten Startstellungen. Dabei standen die Bauern wie bei einer normalen Schachpartie am Anfang auf den zweiten Reihen. Die Offiziere dahinter waren aber in zufälliger Anordnung, unter den Nebenbedingungen, dass die beiden Läufer auf Feldern verschiedener Farben starteten und der König irgendwo zwischen seinen beiden Türmen stand. Außerdem war die schwarze Stellung spiegelsymmetrisch zu der des Gegners Weiß. In fünf der sechs ersten Runden stand das Listen-3-Hirn mit dem Rücken zur Wand. Aber nur ein einziges Mal drang Jussupows Angriff wirklich durch: in Partie 4. Vorher hatte mein Team das Spiel 3 gegen heroischen Widerstand gewonnen.

Beim Stand von 3 : 3 brach Jussupow in der vorletzten Runde ein: Abbildung 13.5 zeigt die Stellung vor dem Schlussangriff des Listen-3-Hirns. Der Großmeister verlor dann auch die Schlusspartie bei dem Bemühen, doch noch ein Gesamt-Unentschieden zu erreichen.

Auch wenn ein Wettkampf gegen Kasparow für 1999 inzwischen in weite Ferne gerückt war, wollte ich für 1998 doch ein Match gegen einen Super-Großmeister organisie-

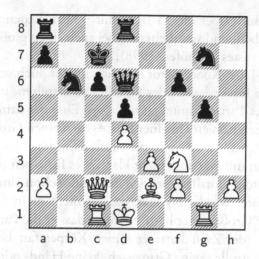

Abb. 13.5 Weiß ist das Listen-3-Hirn wird jetzt 27.h2-h4 spielen. Danach bricht die Stellung von Großmeister Jussupow in wenigen Zügen zusammen

ren. Schon vor dem Jussupow-Wettkampf hatte ich einige erfolgversprechende Verhandlungen mit Alexei Schirow geführt. Er gehörte damals zu den Top Ten der Weltrangliste. Als er das Ergebnis des Listen-3-Hirns gegen Jussupow erfuhr, sagte er ab. Seine offizielle Begründung: Nach der Niederlage von Kasparow gegen Deep Blue habe er das Interesse am Computerschach verloren.

Für mich war die Absage wie ein Sturz in ein dunkles Loch. Zum allerersten Mal in meinem Leben hatte ich so etwas wie Depressionen. Dann wachte ich eines Morgens auf und wußte plötzlich, wie aus heiterem Himmel: Ich würde mit den Experimenten zum Computerschach aufhören. Schlagartig ging es mir besser. Ein paar Tage später fing ich an, ein Buch über die 13 Jahre mit 3-Hirn-Experimenten zu schreiben, und verarbeitete dabei auch einen großen Teil meines Frustes [Althöfer (1998)].

Als 3-Hirn-Koordinator habe ich immer auch versucht, Nuancen im Verhalten des Gegners zu erspüren, um daraus in der Partie Kapital zu schlagen. Eine der extremsten Situationen passierte in einer Partie gegen einen Großmeister. Das Spiel war schon in der fünften Stunde. Das 3-Hirn stand gut; mir war aber nicht klar, ob es für einen Sieg reichen würde. Plötzlich roch ich Schweiß. Schon einen Moment später wurde mir klar, dass es nicht mein Schweiß war. Der Großmeister hatte erkannt, dass er die Partie verlieren würde. Zwar hatte er seinen Körper fast komplett unter Kontrolle (keine Grimassen, keine Hand- oder Armbewegungen, kein Hin- und Herrutschen auf dem Stuhl), aber den Ausbruch von Angstschweiß konnte er nicht unterdrücken. Ich ließ mir nichts anmerken, wusste aber plötzlich, wie gut das 3-Hirn wirklich stand. Da habe ich noch vorsichtiger gespielt und die Programme jeweils ziemlich lang rechnen lassen, damit sie den Gewinn nicht noch irgendwie verpassten. Jahre später fand ich es witzig, als bei einem menschlichen Turnier der niederländische Großmeister Loek van Wely zu einer Partie mit einem T-Shirt antrat, auf dem gedruckt war: „I can smell your fear!" („Ich kann deine Angst riechen!").

Bilanz und 3-Hirn-Träume

Das 3-Hirn war seit 1987 über all die Jahre besser als jede seiner Komponenten. Die Kombination aus taktischer

Stärke der Programme und strategischer Weitsicht des auswählenden Menschen führte zu Erfolgen, die von großen Teilen der Schachszene nur mit ungläubigem Kopfschütteln zur Kenntnis genommen wurden.

Spielstärke beim Schach lässt sich ziemlich verlässlich mit den sogenannten Elo-Zahlen messen. Jeder Spieler, der mindestens einige Partien gegen andere Spieler mit Elo-Wertung gespielt hat, bekommt eine Wertung oder das nationale Äquivalent dazu; in Deutschland sind es die DWZ: Deutsche Wertungs-Zahlen. Je größer die Elo-Zahl eines Spielers ist, umso besser ist er. Natürlich können Elo-Zahlen nicht exakt vorhersagen, wie X gegen Y in einer einzelnen Partie abschneidet, aber sie helfen abzuschätzen, wie Spieler A im Durchschnitt gegen mehrere Gegner mit Elo-Zahlen $b_1, \ldots, b_n$ abschneiden dürfte.

Für die Erfolgschancen von zwei Spielern gegeneinander spielt die absolute Größe ihrer Elo-Zahlen keine Rolle, sondern nur die Differenz. Bei der Differenz null haben beide die gleichen Chancen. Bei einem Unterschied von 200 Punkten sollte der bessere Spieler im direkten Vergleich etwa 75 Prozent der Punkte holen.

Schwache Vereinsspieler fangen bei etwa 1000 Wertungspunkten an. Ingo Althöfer hat ungefähr 1900, Roland Voigt 2450. Der im März 2014 beste deutsche Spieler, Großmeister Arkadij Naiditsch, hatte ein Elo-Rating von 2706 und war damit in der Weltrangliste auf Platz 44. Weltmeister Magnus Carlsen wies 2881 Punkte auf, eine Zahl, die vor ihm noch niemand erreicht hatte.

Ohne absolute Prognosen zu wagen, ergibt sich aus diesen Zahlen: Carlsen dürfte gegen Naiditsch knapp 75 Prozent holen, Naiditsch wiederum gut 75 Prozent gegen Voigt.

Und Voigt sollte im Vergleich mit Althöfer stärker überlegen sein (Differenz etwa 550 Punkte) als Carlsen gegen Voigt.

Mit dem 3-Hirn (und ab 1996 auch mit Doppel-Fritz und dem Listen-3-Hirn) spielte ich Turniere und Wettkämpfe in den Jahren 1985, 1987 und 1989 sowie zwischen 1991 und 1997.

Gesamtbilanz: Bei fast all diesen Ereignissen spielte das 3-Hirn ungefähr 200 Wertungs-Punkte stärker als die eingesetzten Schachprogramme. Das war am Anfang so, als die Rechner mit Ratings um 1500 deutlich schwächer waren als ich mit meinen 1900 Punkten. Und das war am Ende so, als beim Listen-3-Hirn die eingesetzten Schachprogramme bei knapp 2550 waren und ich immer noch bei 1900 stand. Ich als vergleichsweise schwacher Spieler (mehr als 600 Punkte unter den Schachprogrammen von 1997) konnte aus den Kisten also weitere 200 Leistungspunkte herauskitzeln.

In der Schachszene konnten oder wollten viele Spieler das nicht glauben. Es gab Versuche anderer, meine Erfolge zu kopieren, so auch von zwei Meistern, die im normalen Spiel um die 2300 Punkte gut waren. Ihre Ergebnisse waren sehr enttäuschend, was wahrscheinlich auch daran lag, dass sie ihr Ego (nicht ihr Elo!) bei den 3-Hirn-Experimenten nicht im Griff hatten: Als menschlicher Auswähler sollte man nicht mit Gewalt zwischen den Vorschlägen der zwei Schachprogramme abwechseln, sonst kommt es leicht zu dem Phänomen, das ein altes Sprichwort „Viele Köche verderben den Brei" nennt. Oft habe ich als Auswähler fast eine ganze Partie lang die Erstvorschläge von Programm X realisiert und nur zwei oder drei Mal solche von Programm Y. 3-Hirn-Auswählen ist manchmal wie Bahnfahren. Über ganz lange Abschnitte geht es strikt geradeaus. Nur an wenigen Weichen sollte man abbiegen.

Lange hatte ich gehofft, dass Leute in anderen Bereichen auch auf das 3-Hirn-Prinzip anspringen. Aus welchen Gründen auch immer gab es aber nur Enttäuschungen. Die meiste Energie hatte ich investiert, um Mediziner dazu zu bringen, mehrere verschiedene Computersysteme bei der Diagnose von Herzproblemen oder anderen Krankheiten einzusetzen. Trotz manch interessanter Diskussionen lief es aber immer wieder darauf hinaus, dass die angefragten Ärzte letztendlich in ihren gewohnten Gleisen blieben.

Die Hoffnung stirbt zuletzt. Vielleicht erlebe ich ja doch noch, dass das 3-Hirn-Prinzip in dem einen oder anderen Bereich zu einer Erfolgsgeschichte wird. Vielleicht sogar bei dem Beweisen in der Mathematik …

14

Betrugsversuche

Spielstarke Schachcomputer und Programme bergen die Gefahr, dass charakterschwache Turnierspieler unerlaubt ihre Hilfe in Anspruch nehmen. Hier werden einige spektakuläre Fälle von „eDoping" im Leistungsschach erzählt. Die Liste ist nicht vollständig. Erzählt werden solche Geschichten, die wegen dieser oder jener Umstände – in jedem Fall waren es andere – besonders lehrreich sind.

Einen bestrafen – hundert erziehen

Die folgende Parole wird Mao Zedong zugeschrieben, der sein chinesisches Riesenreich mit etlichen hundert Millionen Menschen unter Kontrolle halten wollte und dabei vor drastischen Maßnahmen nicht zurückschreckte. „Einen bestrafen – hundert erziehen" – das konnte man in den letzten 15 Jahren auch im bayerischen Teil der schwäbischen Schachwelt erleben. Es ging um den Amateurspieler X. Seine Wertungszahl war bei etwa 1920, als er im Dezember 1998 bei einem internationalen Schachturnier in Böblingen antrat. Dort kamen mehr als 300 Spieler zusammen, darunter eine Reihe von Profis.

I. Althöfer, R. Voigt, *Spiele, Rätsel, Zahlen*, DOI 10.1007/978-3-642-55301-1_14,
© Springer-Verlag Berlin Heidelberg 2014

Womit niemand rechnete: nach neun Runden in fünf Tagen lag Herr X auf einem geteilten ersten Platz und bekam dafür ein Preisgeld von 1660 DM. In den Turnierpartien erreichte er eine Erfolgszahl von 2630 – das entspricht mindestens guter Großmeister-Stärke. Damals – 1998 – gab es in Deutschland nur einen Spieler mit noch höherer Wertungszahl: den Großmeister Artur Jussupow.

Schon während des Turniers, als X reihenweise gegen internationale Meister siegte, hatten einige Anwesende den Verdacht, dass der wackere Amateur irgendeine Form von unerlaubter Hilfe nutzte. Er saß – im auch durch die Enge mehr als 30 Grad warmen Turniersaal – die ganze Zeit unbeweglich mit Krawatte und voluminösem Jackett und rührte sich während der laufenden Partien nicht von seinem Stuhl. Hatte er irgendwelche elektronischen Hilfsmittel am Körper versteckt?

In der letzten Runde gelang X ein Meisterstück. Er überspielte den Turnierfavoriten, den Großmeister Sergey Kalinitschew, nach Strich und Faden. Als Kalinitschew nach der Zeitkontrolle aufgab, sagte Herr X nur „Ja, sie würden jetzt auch in acht Zügen matt werden." Kalinitschew lächelte fragend; da erwiderte der Sieger: „Es ist so; prüfen Sie es nach!"

Das ließ sich einer der Zuschauer nicht zweimal sagen. Er schleppte einen PC heran. Auf dem Rechner war das Schach-Programm Fritz 5.32 installiert. Die Stellung, siehe Abb. 14.1, wurde eingegeben – und nach einigen Minuten vermeldete der Rechner in der Tat, dass Schwarz in acht Zügen matt gehen würde. Die Turnier-Veranstalter zahlten das Preisgeld an Herrn X noch aus, doch danach rollte über den Spieler eine Recherche- und Medien-Welle ungeahnten Ausmaßes hinweg.

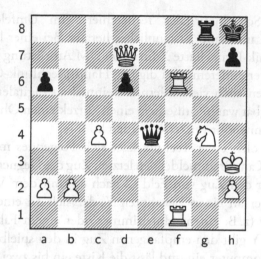

Abb. 14.1 X gegen Kalinitschew. Schwarz am Zug gab auf. Darauf erklärte X, es sei ja auch Matt in 8 Zügen

Großmeister weltweit amüsierten sich darüber, dass ein Mensch in der Schluss-Stellung ein Matt in Acht erkennen könne – sie selbst schafften es allesamt nicht. Die Firma ChessBase ließ von einem Mitarbeiter prüfen, wie oft es in den neun Böblinger Partien von X Zug-Übereinstimmungen mit den Vorschlägen von Fritz 5.32 gab; die Quote war nahe bei 100 Prozent.

Bei der Polizei ging eine anonyme Anzeige wegen Betrugsverdachts ein. Das Magazin „Der Spiegel" widmete dem Fall in der Ausgabe vom 25. Januar 1999 eine ganze Seite, inklusive der Anmerkung „als hätte Helmut Kohl bei den deutschen Meisterschaften im Stabhochsprung gewonnen".

Ein Schachjournalist recherchierte im Umfeld von Herrn X und fand Erstaunliches heraus: Bei einer lokalen Elektronik-Firma hatte X für 4600 DM Ausrüstung erworben: unter anderem zwei digitale Handsprechfunk-Geräte, mit denen auch vier Ziffern auf einmal als digitaler Code übertragbar waren; außerdem einen klitzekleinen Ohrhörer, der im Innenohr versteckt werden konnte.

Mit solch einer Technik lässt sich Folgendes machen: Spieler X am Brett meldet den letzten Zug des Gegners (z. B. 5254 für den Zug von Feld e2 nach e4) mit dem Viertastenmelder an einen Bekannten Y, der sich an einem nahen Ort (z. B. einem Hotelzimmer oder einem Fahrzeug) aufhält. Y gibt den empfangenen Zug in den spielbereiten Schachcomputer ein und lässt die Kiste ein bis zwei Minuten rechnen. Dann übermittelt er mit dem Handsprechgerät den Computer-Zug an X. X hört die Botschaft durch den kleinen Innenohr-Lautsprecher und kann den Zug direkt auf dem Brett ausführen.

In allen deutschen Schachzeitungen war der Fall *das* Thema in den ersten Monaten des Jahres 1999. Egon Ditt, damals Präsident des Deutschen Schachbundes, schrieb: In anderen Sportarten gebe es bei Doping mehrjährige Strafen. Er würde im Fall von Herrn X auch eine solche Sperre für angemessen halten. Viele Schachspieler wollten einen Präzedenzfall, um mögliche Nachahmer gehörig abzuschrecken: Einen bestrafen – hundert erziehen.

Der Kreisspielleiter von Südschwaben setzte vorübergehend die Mannschaftskämpfe des Vereins von X aus, damit diese nicht mehr Herrn X einsetzen konnten. X überlegte kurz, in den Landesverband Württemberg zu wechseln.

Doch bevor er einen offiziellen Antrag stellen konnte, winkte der dortige Präsident ab.

Der bayerische Schachbund griff zu einer drastischen Maßnahme und schloss Herrn X für fünf Jahre vom Spielbetrieb aus. X zog dagegen vor Gericht und unterlag. Dann ging viel Zeit ins Land. Man dachte zwar hin und wieder an den Fall, aber es gab aktuellere Themen. Bei den Recherchen für dieses Buch erinnerte ich mich an die Geschichte und schaute in die Wertungszahlen-Liste des deutschen Schachbundes.

Siehe da: Herr X wurde wieder geführt. In der Saison 2011/12 und auch im Spieljahr 2012/13 war er für seinen alten Verein angetreten. Der Erfolg war allerdings mäßig: In insgesamt nur 12 Partien (über zwei Jahre verteilt) verlor X 31 Wertungspunkte. Ich versuchte herauszufinden, von wem und wie denn sein Ausschluss aufgehoben worden war, und fand Erstaunliches und auch Erschreckendes:

(i) Herr X wusste von der Dauer seiner Sperre. Nach Ablauf hat er aber noch sieben weitere Jahre gewartet, bis er wieder antrat.

(ii) Im Juni 2011 spielte X bei einem Amateur-Schachturnier mit, das eigentlich nur für Spieler mit Wertungszahlen unter 1700 offen war. Am Ende gewann er nicht einmal, sondern musste sich mit Rang zwei hinter einem 1570-Spieler begnügen.

(iii) Im Internet konnte man das Protokoll der Jahreshauptversammlung 2011 des Schachkreises Südschwaben lesen. Unter Punkt 4 stand da: „Unverständnis wurde gezeigt über die Entscheidung des Bayerischen Schachbundes, den vor zwölf Jahren gesperrten Schachspieler ohne Rücksprache mit dem betroffenen Kreisverband wieder spielen zu lassen." Da schienen also Personen auch nach zwölf Jahren noch Groll zu haben. Ob Mao Zedong Herrn X auch so streng behandelt hätte?

(iv) Als ich einen Bekannten von X wegen der Sache interviewte und dabei meinte, Herr X müsse doch in den langen Jahren des Ausschlusses vom Schachleben schlimm gelitten haben, war die Antwort: „Ach nein, das war nicht so arg. Er konnte ja online anonym auf den Schachservern spielen."

Es ist gut, dass die Beteiligten die Sache inzwischen (2014) mit mehr Abstand sehen als noch 2011. Strafe ist gut, Abschreckung kann gut sein, man sollte aber auch vergeben können.

„Toiletten-Schach"

Vier Jahre nach Böblingen war es wieder so weit. Wer gehofft hatte, dass die drakonische Bestrafung und das Anprangern des „Böblinger Riesen" die eDoping-Szene im Schach auf Dauer ausgetrocknet hätte, musste sich getäuscht sehen. Erneut passierte das Spektakel bei einem offenen Turnier zwischen Weihnachten und Neujahr, dieses Mal in Lampertheim. Vielleicht hatte der Täter Z sein kleines handliches „Pocket-Fritz" sogar erst unter dem Weihnachtsbaum vorgefunden.

Jedenfalls suchte Z die Toilette während seiner laufenden Partien – bei eigener tickender Schachuhr – so häufig auf, dass Gegenspieler Verdacht schöpften. Es war ihnen aufgefallen, wie er mehrfach nach seinen 00-Sitzungen zielstrebig vom stillen Örtchen zurück an das Brett eilte und sofort zog. Die folgende Darstellung orientiert sich an dem Bericht, den der Schiedsrichter für die Schachgremien anfertigte [ChessBase (2003)].

Der Schiedsrichter wurde von dem Spieler, der in Runde 5 Opfer von Z geworden war, informiert und kümmerte sich darum. Er ließ sich den Sachverhalt vom Z-Gegner in der laufenden Runde 6 bestätigen und beobachtete in der Folge das Brett. Herr Z kam, spielte nun tatsächlich einige Züge recht schnell und verschwand wieder in Richtung Toilette. Der Schiedsrichter ging ihm nach. Aus der von Z „besetzten" Kabine hörte er keine Geräusche. Er wartete einige Minuten im Vorraum, dann wagte er einen Blick unter der Tür durch und sah, dass die Füße von Z parallel zu der Toilette standen. Zumindest war es eine Stellung, in der kein normales Geschäft verrichtet werden kann.

Schließlich wagte der Schiedsrichter einen Blick aus der Nachbarkabine über die Seitenwand: Z hielt einen Mini-PC in der Hand, auf dem Display leuchtete das Schachbrett des laufenden Schachprogramms Pocket-Fritz. Mit der anderen Hand bewegte der Toiletten-Gänger einen Bedienstift.

Als Z die Toilette verließ und vom Schiedsrichter mit der Beobachtung konfrontiert wurde, versuchte sich Z herauszureden („ich habe nur E-Mails bearbeitet"). Der Schiedsrichter wollte sich als Beleg den Kleinrechner zeigen lassen, was der Spieler verweigerte. Daraufhin gingen beide zum Brett, der Schiri erklärte die Partie für Herrn Z als verloren und schloss den Falschspieler außerdem vom Turnier aus. Z nahm seine Sachen und ging ohne weitere Worte. Für die Aktion auf der Toilette hatte der Schiedsrichter einen

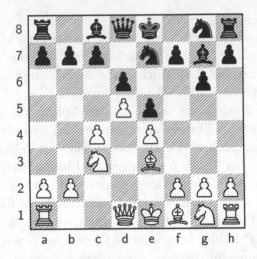

Abb. 14.2 Stellung aus der Partie Z gegen Torsten Lang. Weiß wird, sobald er von der Toilette zurück ist, den Vorstoß 7. c4-c5 spielen

Zeugen, der zur Aussage vor einem Verbands- oder einem ordentlichen Gericht bereit war.

Abbildung 14.2 zeigt die Stellung in Runde 6, nach dem 6. Zug des Schwarzspielers Torsten Lang. Herr Z, der die weißen Steine führte, war auf die Toilette verschwunden. Nach einigen Minuten kam er an das Brett zurück und führte direkt den kühnen Bauernvorstoß 7. c4-c5 aus. Die meisten Menschen hätten in der Stellung wohl eher einen Entwicklungszug gemacht, z. B. mit dem Springer von g1 oder dem Läufer von f1 aus. Dagegen mögen Schachprogramme den Vorstoß des c-Bauern sehr. (Siehe hierzu auch den Abschnitt über „Doppel-Fritz mit Boss".)

Applaus gab es, als zum Start der siebten Runde verkündet wurde, dass ein Spieler in flagranti mit Pocket-Fritz erwischt und direkt disqualifiziert worden war. Ebenso begrüßt wurde die Ankündigung, über die Verbände auf eine Sperre hinzuwirken. Die Veranstalter wählten eine sehr kulante Lösung, um die Opfer von Z zu entschädigen: Neben den ausgelobten Preisen wurden auch die Spieler berücksichtigt, die in Runde 1 bis 5 mutmaßlich von Herrn Z geschädigt wurden. Wären sie durch einen Sieg in der Z-Partie in Preisränge gerutscht, so bekamen sie diesen (höheren) Preis.

Z war im hessischen Schachverband gemeldet, und dieser sollte über eine Bestrafung entscheiden, die über den Turnierausschluss in Lampertheim hinausging. In seinem Verband war Z ein seit Jahrzehnten angesehener Schachfreund. Man entschied sich, auch auf Wunsch von Spielern aus Z's Verein, für eine kleine Lösung: Es wurde kein Verfahren eröffnet. Stattdessen gab Z sein Ehrenamt in der Jugendförderung auf und verzichtete für ein Jahr auf alle Turniereinsätze.

Offiziell war die Sache damit erledigt, aber seinen Ruf hatte Z trotzdem nachhaltig beschädigt. Noch im Jahr 2008 erschien in einem Magazin der Bundeszentrale für politische Bildung ein Artikel mit dem Titel „Total daneben". Darin wurden acht Personen aus verschiedenen Sport-Bereichen als Beispiele dafür vorgestellt, dass Sport nicht unbedingt den Charakter stärkt. Neben Mike Tyson (Ohr abgebissen beim Boxen) und einem Schlagstock-Prügler beim Eiskunstlauf wurde auch Herr Z mit seinem Lampertheimer Toiletten-Auftritt namentlich genannt.

Stühle-Code

Der französische Großmeister G nutzte unerlaubte Computer-Unterstützung bei der Schach-Olympiade 2010 in Chanty-Mansijsk. Er hatte zwei Meister A und B als Helfer. A befand sich irgendwo weit weg vom Turniersaal und verfolgte die Life-Übertragung im Internet. Zur Erklärung: Seit einigen Jahren ist es üblich, dass *alle* Partien der Schach-Olympiade live im Internet übertragen werden. Auf einem normalen PC hatte der Helfer A die jeweils aktuelle Stellung von G in ein starkes Schachprogramm eingegeben und schaute, welchen Zug dieses Programm vorschlug. Diesen Zug schickte er mit SMS (versteckt als Teil einer 12-stelligen Telefon-Nr.) an Meister B. Dieser war mit seinem Handy im Turniersaal. Kam ein Zug an, musste er ihn an G übermitteln. Dazu hatten sich die Drei ein ausgeklügeltes System überlegt.

Ein Zug lässt sich beschreiben als vierstellige Zahl, wobei darin nur die Ziffern 1 bis 8 vorkommen. Die ersten zwei Ziffern zeigen das Startfeld der zu ziehenden Figur, die anderen beiden Ziffern das Zielfeld. Beispiel: Der Zug e2-e4 wird codiert als 5254. (Von den normalen Brettkoordinaten kommt man zu „Nur"ziffern, indem die Buchstaben a bis h in dieser Reihenfolge auf die Ziffern 1 bis 8 übertragen werden.)

Bei der Olympiade wird mit Vierer-Mannschaften gespielt, wobei die vier Partien einer Paarung im Turniersaal an einem langen Tisch nebeneinander stattfinden. „Vier Partien" heißt „acht Spieler". Die Stühle dieser acht Spieler hatten G und Kompagnon B von 1 bis 8 durchnumme-

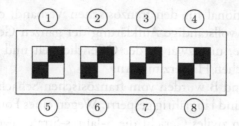

Abb. 14.3 Stuhlanordnung bei der Schacholympiade

riert. Um etwa 5254 zu übertragen, stellte sich B nach einem „Eröffnungs-Signal" zuerst hinter Stuhl 5. Dann schlenderte er hinüber hinter Stuhl 2. Dann wieder zurück hinter Stuhl 5, und abschließend hinter Stuhl 4.

Ein typischer Zeitbedarf für den ganzen Ablauf eines Zuges war etwa: 30 bis 60 Sekunden Berechnung des Zuges auf dem PC von A. Dabei konnte A die SMS mit dem vermeintlich kommenden Zug schon vorbereiten, so dass er sie dann nur noch abschicken musste. Helfer B hatte sich inzwischen vom Tisch der französischen Mannschaft entfernt und empfing dort die SMS (mit den vier Ziffern – versteckt in einer langen Telefonnummer). B ging innerhalb weniger Sekunden zurück zum Tisch, und dann folgte der „Stuhlrundgang", auch wieder in 30 bis 60 Sekunden. Das ganze Procedere würde also in weniger als 2 Minuten vonstatten gehen, war also schnell genug, da die Spieler in der normalen Phase der Partie eine Bedenkzeit von durchschnittlich 3 Minuten pro Zug hatten.

Die anderen Spieler der französischen Nationalmannschaft wussten nichts von der Betrugsmasche und waren entsetzt, als die Sache offenkundig wurde. Viel Lob gab es international für den französischen Verband, der energisch eine vollständige Aufklärung der ganzen Geschichte durchsetzte, und zwar in der Öffentlichkeit und nicht in irgendwelchen Hinterzimmern.

G, A und B wurden vom französischen Schachverband verurteilt und langjährig gesperrt. Wegen eines Formfehlers erklärte ein ziviles Gericht die 5-Jahres-Strafe gegen G für unzulässig. Später sperrte der Weltschach-Verband FIDE G für zwei Jahre und neun Monate.

„Toiletten-Schach" II

Seit einigen Jahren gibt es rechenstarke Smartphones und andere Kleincomputer, die in eine normale Hosentasche passen. Da ist für manche Schachspieler die Verführung groß, in kritischen Partiestellungen auf die Toilette zu verschwinden und die aktuelle Stellung dort mit solch einem mobilen Gerät zu analysieren. Um dem einen Riegel vorzuschieben, sind Handys und Kleinstrechner bei der Schachbundesliga im Turniersaal verboten. Aber Verbot und Durchsetzung sind zweierlei. Im Oktober 2012 ergaben sich Verdachtsmomente gegen den deutschen Großmeister I. In der Samstags-Runde war er ungewöhnlich oft auf der Toilette. Die Partie gegen einen nominal stärkeren Gegner gewann er überzeugend. Stutzig geworden, folgte ihm sein Gegner in der Sonntags-Partie auf die Toilette. I verschwand in einer Kabine für das große Geschäft. Der Gegenspieler holte einen Schiedsrichter hinzu. Dieser stellte I nach dem Verlassen der Toilette zur Rede und fragte, ob er ein Handy oder Smartphone dabei hätte.

I bejahte, ebenso die Folgefrage, ob auf seinem Gerät ein Schachprogramm installiert sei.

Der Schiedsrichter erklärte den Verdacht auf unerlaubte elektronische Hilfe und bat I, das Gerät anzustellen und zu zeigen, in welchem Status das Schachprogramm gerade sei. I lehnte das ab. Daraufhin wurde die laufende Partie für ihn als verloren gewertet – in Analogie zu Entscheidungen bei anderen Sportarten, bei denen die Weigerung, zur Dopingprobe anzutreten, auch so wie ein Dopingvergehen selbst bestraft wird.

Wochen nach dem Vorfall verhängte der deutsche Schachbund eine Zwei-Jahres-Sperre gegen I. Wegen eines unscheinbaren juristischen Formfehlers musste die Sperre später wieder aufgehoben werden. In der Schach-Bundesliga ist I seither (zwischen November 2012 und März 2014) nicht mehr eingesetzt worden. Stattdessen spielt er für einen Klub in der dritten Liga – dort gibt es keine Handykontrollen während der Partien – und gibt auch hin und wieder Tageskurse zur professionellen Nutzung aktueller Schach-Software.

Goldene Füße?

Besonderes Aufsehen erregte 2012 und 2013 der Bulgare L. Mit einer Wertungszahl von etwa 2200 spielte er einige sehr gute Turniere und gewann dabei Geldpreise in beträchtlicher Höhe. Viele Mitspieler hatten einen Verdacht, doch konkret nachgewiesen wurde L lange Zeit nichts. Die Sache kulminierte, als im Oktober 2013 der mit vielen Wassern gewaschene US-Großmeister Maxim Dlugy auf L traf, bei einem Turnier in Bulgarien. Dlugy hatte L schon einige Tage beobachtet. Aufgefallen war ihm dabei, dass L mit sehr komischen, vorsichtigen Schritten zu seinem Platz ging und dann die ganzen Partien lang praktisch unbeweglich am Brett saß.

Dlugy kam ein Verdacht: Manche Smartphones haben einen berührungssensitiven Bildschirm. Könnte man ein Schachprogramm auf solch einem Gerät mit Berührungen durch die Zehen steuern und das Gerät durch Vibrationen antworten lassen? Dlugy teilte seinen Verdacht der Turnierleitung mit, als er für die nächste Partie gegen L gelost worden war. Die Turnierleitung informierte L zu Beginn der nächsten Runde von dem Verdacht und verlangte, dass er die Schuhe ausziehe und die Schiedsrichter hineinschauen lasse. L lehnte ab, auch noch, als Dlugy mit „gutem" Beispiel voranging und seine Schuhe und Strümpfe mitten im Turniersaal auszog. L's Argument, er hätte Schweißfüße, wurde nicht akzeptiert; das Aushalten des Geruches sei ein vergleichsweise kleines Übel. L wurde aus dem Turnier ausgeschlossen.

Ein paar Tage später teilte L im Internet mit, dass die Unterstellungen in der Schachszene ihm die Lust auf weitere Turniere genommen hätten. Deshalb würde er mit sofortiger Wirkung vom Turnierschach zurücktreten. Das hinderte ihn aber nicht daran, einige Wochen später bei einem spanischen Turnier anzutreten. Dort wurde er, nachdem er in den ersten fünf Runden fast alles in Grund und Boden gespielt hatte, ausgeschlossen, nachdem er eine Leibesvisitation abgebrochen hatte. Mitte Dezember 2013 sperrte ihn der bulgarische Schachverband auf Lebenszeit.

Vibrationen bis zum Matt?

Zum Ende der Saison 2012/13 fand sich in der Schachpresse ein Artikel, den viele Leser erst einmal nicht einordnen konnten: Nachwuchsspieler J hatte gegen Ende der Bundesliga-Serie mehrere Großmeister aufsehenerregend geschlagen, ebenso hatte er bei einem offenen Turnier eine ganze Reihe von Glanzpartien gespielt. Während des Turniers kam der Verdacht auf, er würde unerlaubte Computerhilfe benutzen. Man fand heraus, dass in den Partien auffällig viele Züge von Spieler J mit den Vorschlägen des führenden Schachprogramms *Houdini* übereinstimmten.

In einem einzigen Spiel war das nicht der Fall. Doch auch dafür gab es eine schlüssige Erklärung: In dieser Runde war die Live-Übertragung der Partien im Internet abgeschaltet gewesen. So konnten mögliche externe Helfer nicht wissen, für welche Stellung ein Spieler gerade einen Zug suchte. Eine Zeitschrift veröffentlichte neben dem Deizisauer Turnierbericht eine Stellungnahme von Herrn J. Darin fanden sich eine Reihe eigentümlicher Aussagen. Hier sind sie als Zitate:

- „Mir kann man keine – und wird es auch zukünftig nicht – Computerhilfe nachweisen."
- „Bei vielen offenen Turnieren kann man beobachten, wie die Großmeister nicht gegeneinander spielen, sondern sich mit Kurzremisen Ruhezeit verschaffen. Ich habe mir vorgenommen, sie alle dafür zu bestrafen, was ich auch weiterhin tun werde – sie besiegen!"

Die häufige Übereinstimmung seiner Züge mit den Vorschlägen des Computer-Programms Houdini erklärte Spieler J damit, dass er häufig mit Schachcomputern trainiere und daher ihre Pläne begriffen habe.

- „Ich halte es deshalb für äußerst wahrscheinlich, dass wir künftig durchaus weitere Partien sehen werden, die sich nur in Details von Computervorschlägen unterscheiden."

Robert Houdart, der Programmierer von Houdini und selbst ein starker Schachamateur, kommentierte das in einem Internetforum wie folgt (Übersetzung ins Deutsche durch den Autor): „Kein menschliches Wesen kann auf Dauer die Nr.1- und Nr.2-Vorschläge von Houdini finden. Wird solch ein Muster entdeckt, liegt Betrug vor."

Über die Sache kehrte nach einigen Wochen intensiver Diskussionen relative Ruhe ein, ehe neue Paukenschläge hellhörig machten: Bei zwei Schnellschach-Turnieren im Sommer 2013 siegte J überlegen, mit Schach wie von einem anderen Stern. Wieder kochten Diskussionen hoch, und wieder wurde es nach einigen Tagen still.

Dann meldete sich Jüngling J Ende Juli 2013 für eine weitere Veranstaltung mit normaler Bedenkzeit an: das offene Turnier in Dortmund. Dort betrug der Preis für den Gesamtsieger 1000 Euro. Die Veranstalter sahen keine Handhabe, ihn abzuweisen, stellten J aber unter besondere Beobachtung durch die Schiedsrichter. Diese bemerkten, dass nach jedem Zug der Gegner die Hand von J in seiner Hosentasche verschwand und dort auch blieb. In den ersten sieben Runden gewann Herr J alle Partien. Nach Runde 7 wurde er gebeten, sein Mobiltelefon vorzuzeigen. Er hatte tatsächlich eines in der Tasche und kam der Bitte nach; das Telefon war nicht eingeschaltet.

Ausgeschaltete Telefone durften bei diesem Turnier mitgeführt werden. Vor der achten Runde wurde J gebeten, trotzdem sein Handy abzugeben. Wieder kam er der Bitte nach. Als der Schiedsrichter das ausgeschaltete Telefon weglegen wollte, meldete sich dieses mit einem Vibrations-Signal. Das sah die Turnierleitung als hinreichendes Indiz dafür, dass der Spieler während der Partien mit Hilfe eines Codes Signale (die Züge) ausgesendet und Signale (die Computervorschläge) empfangen habe. J wurde disqualifiziert.

Ein halbes Jahr lang hatte J die Schachsportler zum Narren gehalten: Bundesliga, Turnier in Deizisau, Schnellturniere, Open in Dortmund. Der deutsche Schachbund sah nach der mit juristischen Spitzfindigkeiten ausgehebelten Sperre gegen Spieler I von einer formalen Sperre für J ab, schloss ihn aber aus seinem C-Kader aus, in dem hoffnungsvolle Nachwuchsspieler gefördert werden. Der Ethik-Kommission des Weltschachbundes FIDE wurde der Vorfall gemeldet. Die FIDE wertete alle Dortmunder Partien von J als verloren, was ihn über 60 Wertungspunkte kostete: Absturz von gut 2460 auf weniger als 2400.

Eine gewisse Bedeutung können bei der Einschätzung und Entscheidung zwei Vorgeschichten gehabt haben, die Jahre zurück lagen: Bei einer deutschen Jugendmeisterschaft erreichte J in seiner Altersklasse den geteilten ersten Rang. Doch vorher, mitten in dem Turnier, war sein Vater aus dem Turniersaal verbannt worden. Vater J lief mit Kopfhörer herum, verschwand oft vor der Tür und führte dort Telefonate, kam wieder herein und machte am Spielbrett seines Sohnes auffällige Handzeichen. Einige Teilnehmer und Betreuer äußerten den Verdacht, dass hier von außen übermittelte Zugvorschläge an den Spieler weitergereicht würden, deshalb die Verbannung. Auch bei einem Mannschaftskampf ein Jahr später war Ähnliches beobachtet worden.

Die schachsoziale Ächtung von Herrn J begann bereits im Sommer 2013: In der Bundesliga-Mannschaft seines Vereins wollten die anderen Spieler nicht mehr zusammen mit ihm antreten. Da wechselte er für die neue Spielzeit zu seinem früheren Klub. Doch auch dort wollten Spieler der ersten Mannschaft nichts mehr mit ihm zu tun haben. Der Vereinspräsident stellte ihn dann an Brett 1 in der zweiten Mannschaft auf und in der Jugendmannschaft. Knapp sechs Monate lang spielte J nicht, aber im Februar 2014 war es wieder so weit: Einsätze in drei Kämpfen der Jugendliga. Jedes Mal verweigerten die Gegenspieler die Partie; so holte der Verein am ersten Brett jeweils kampflose Siege.

Ende des Jahres 2013 hatte Herr J in einem Bericht für seine Heimatzeitung noch gesagt, er wolle sich nach einer Bedenkpause entscheiden, in welcher der Sportarten Schach, Tischtennis oder Tanzen er in Zukunft anzutreten gedenke. Auch mit den Langzeitfolgen von Böblingen 1998 und Lampertheim 2002 vor Augen kann man ihm nur raten, sehr gut zu bedenken, auf was er sich mit weiterem Leistungs-Schach einlassen würde.

Große Angst vor einem kleinen Tiger

Wieviel *unentdecktes* eDoping gibt es beim Schach? So wie zum Doping in körperbetonten Sportarten kann auch beim Schach gefragt werden, wie hoch die Dunkelziffer ist. Unabhängig von den wirklich stattfindenden Betrugsfällen ist die gesamte Schachszene jedenfalls ziemlich verunsichert. Ein Beispiel passierte beim Schach-Open in Travemünde Ende Dezember 2013. Ein ziemlich unbekannter Spieler Y mit wenig überragender Wertungszahl mischte überraschend ganz vorne mit. Bei seinen Partien hatte er neben dem Brett immer einen Spielzeugtiger als Maskottchen liegen. In der letzten Runde ging es für Y gegen einen gestandenen Großmeister. Dieser äußerte die Bitte, dass der Tiger von Brett weggenommen oder zumindest so hingestellt würde, dass die Augen des Tieres nicht auf das Spielbrett zeigten. Der Großmeister hatte den Verdacht, dass vielleicht in den Tigeraugen kleine Kameras eingebaut sein könnten, die die aktuelle Stellung irgendwohin übertragen, wo ein Helfer mit Computer-Unterstützung analysiere und resultierende Zugvorschläge an den Besitzer des Tigers schicken würde.

Dem Wunsch wurde entsprochen, der Tiger gedreht, und der Großmeister war zufrieden. Stunden später war er sogar glücklich, weil er die Partie und damit das gutdotierte Turnier in Travemünde gewonnen hatte. Der Autor des Turnierberichts in der Zeitung „Schach" (Ausgabe Februar 2014, S. 30–33) erzählte die Geschichte und schrieb dazu, dass seiner Meinung nach beim insgesamt immer noch überraschend guten Abschneiden von Y unerlaubte Computerhilfe keine Rolle gespielt haben dürfte.

Der Travemünder Vorfall zeigt die Verunsicherung in der Schachszene. Nach den etlichen Vorfällen seit 2010 und der fortgeschrittenen Miniaturisierung spielstarker Taschencomputer kommt ganz leicht ein Verdacht auf unerlaubte Hilfe auf, wenn ein regulär nicht so starker Spieler plötzlich über sich hinaus wächst und Partien oder gar ganze Turniere gewinnt. Die Zukunft wird zeigen, ob drastische Bestrafungen und soziale Kontrolle ausreichen, das eDoping-Gespenst im Zaum zu halten.

Interdisziplinärer Betrüger: vom Schach zum Sudoku

In den USA gab es innerhalb von drei Jahren einen bemerkenswerten Doppelschlag im eDoping: 2006 meldete sich bei einem großen offenen Schachturnier in Philadelphia ein unbekannter Spieler an, nennen wir ihn Herrn K. Er hatte eine ganz niedrige Wertungszahl, und niemand gab ihm eine Chance auf einen Preis. Aber dann schlug er einen Gegner nach dem anderen, sogar gestandene Großmeister. Der Turnierdirektor bat um eine Leibesvisitation, woraufhin der Spieler erst einmal für zehn Minuten auf die Toilette enteilte (der Ort scheint bei Tricksern beliebt zu sein). Danach fanden sich keine elektronischen Teile am Spieler, er verlor aber auch die beiden restlichen Partien chancenlos. Einige Zeit nach dem Turnier war der Vorfall vergessen.

2009 fanden – auch in Philadelphia – die US-Meisterschaften im Sudoku statt; es ging um eine Siegprämie von 10.000 US-Dollar für den Besten und weitere vierstellige

6								8
	3		9	7		2		
		5				9		
	8		1		9		3	
		9		3		5		1
			4				7	
		6		4		3		9
5								2

Abb. 14.4 Herr K schaffte genau zwei Einträge – in mehr als acht Minuten. Wieviel schaffen Sie?

Geldpreise für die Platzierten. Die Endrunde der besten drei Teilnehmer erreichte auch „unser" Herr K, der vorher noch nie bei Sudoku-Wettbewerben in Erscheinung getreten war.

Das letzte schwere Rätsel, siehe Abb. 14.4, das über die Medaillenplätze entscheiden sollte, wurde auf offener Bühne gelöst. Jeder der drei Finalisten hatte das Rätsel auf einem Flipchart direkt vor sich, ebenso einen dicken Filzschreiber und einen Wischlappen, um Hinweise und falsche Zahlen wieder entfernen zu können. Es gibt ein sehenswertes Video „How to lose a Sudoku tournament" dazu auf Youtube, auch wenn der Kopf eines Zuschauers für die meiste Zeit direkt vor interessanten Bildausschnitten zu sehen ist.

Links auf der Bühne bemühte sich der damalige Weltmeister Thomas Snyder. Nach gut vier Minuten war er fertig, riss sich den Hörschutz vom Kopf und hielt stolz – als Maßnahme zum Direktmarketing – sein Sudoku-Buch in die Kamera. Leider hatte er einen Flüchtigkeitsfehler gemacht, den die meisten Zuschauer im Video direkt finden dürften. Dadurch siegte Tammy McLeod, die in der Mitte agierte und nach knapp acht Minuten fertig war.

Zu diesem Zeitpunkt hatte unser Herr K, angetreten in einem Pullover mit hochgeklappter Kapuze, erst zwei Zahlen in sein Gitter eingetragen.

Schon vor dem Finale hatte es Verdachtsäußerungen gegeben. Aus irgendeinem Grund hatte sich K wohl nicht getraut, im Finale wieder seinen elektronischen Helfer zu nutzen. Stattdessen schien er sich mit dem Preisgeld für Rang 3 begnügen zu wollen. Doch auch dieses bekam er nach seiner Vorführung nicht, dafür aber schallendes Gelächter aus dem Saal. Die Tatsache, dass er drei Jahre zuvor schon einmal beim Schach betrogen hatte, kam erst nach der Veranstaltung ans Tageslicht. Es darf gerätselt werden, ob, wann und bei welcher Aufgabenstellung Mr. K das nächste Mal mit Computerhilfe antreten wird.

„Toiletenschach" III: drastische Aufklärung

Im April 2013 kam es in einem Wochenend-Turnier im südirischen Cork zu einer denkwürdigen Enttarnung. Der Geldpreis für den Platz eins betrug 400 Euro, es ging also nicht um allzu viel. Unsere Darstellung folgt einem Bericht der Zeitung „Irish Independent" vom 24. April 2013.

P, ein früherer Sekretär des irischen Schachverbandes, hatte in der vorletzten Runde den 16-jährigen Schüler Q als Gegner. Fast nach jedem Zug des 47-jährigen P verschwand Q auf die Toilette: Während der ersten 24 Züge

20 Mal. Bald glaubte P, dass sein Gegner auf dem stillen Örtchen wohl mit einem Computer arbeite.

Beim nächsten Mal folgte er dem Schüler und schaute (wohl über die Wand) in die von Q besetzte Zelle. Er sah, wie der Junge Züge in einen Android-Tablet-Computer eingab. P wollte hinuntergreifen und sich den Tablet-Rechner schnappen, aber sein Arm war nicht lang genug. So ging er direkt zum Turnierleiter und bat diesen, ihm zu folgen. In der Toilette trat P dann ohne vorherige Erklärung die Tür von Q's Kabine ein. Q saß auf der Schüssel, aber nicht für die normale Tätigkeit ...

Während einer der Organisatoren versuchte, den Türtreter zu beruhigen, wollte sich einer von Q's Betreuern mit P prügeln. P und Q wurden beide aus dem Turnier ausgeschlossen. Während P erklärte, stolz auf seine Aktion zu sein („Ich bedaure nichts"), bekam er vom Turnier-Schiedsrichter eine E-Mail, in der der Ausschluss damit begründet wurde, dass seine Aktion das Schachspiel in Misskredit bringen würde. (Aus der E-Mail: „As I witnessed you assaulting another player, a junior player, only 16, I would cite that you certainly took an action that will bring the game of chess into disrepute.")

P wurde auch untersagt, weiterhin in zwei Schul-AGs in Limerick Schach zu unterrichten.

Gedächtnis wie das eines Elefanten

Durch das Recherchieren zu den alten Fällen mit unerlaubter Computerhilfe im Schach ist mir Eines klar geworden: Die Vorgänge und auch die Namen der Akteure sind mehr als zehn Jahre später in der Schachszene immer noch in genauer Erinnerung. Zum einen liegt das daran, dass das Internet so schnell nichts vergisst. Zum anderen sind die Vorfälle für viele Schachspieler auch so wichtig, dass sie sie nicht aus dem Kopf bekommen.

Wer in Zukunft beim Schach unerlaubte Computer-hilfe zu nutzen gedenkt (hoffentlich niemand), sollte immer dieses lange Gedächtnis der Szene vor Augen haben.

Um im Schach auf faire Weise bis auf Meisterebene vorzu-stoßen, braucht man Talent *und* sehr viel Fleiß. Der nöti-ge Zeitaufwand bemisst sich in Jahren, egal ob der Spieler nun Profi wird oder intensiv spielender Leistungs-Amateur. Deshalb ist es nicht verwunderlich, dass gerade die Meis-terspieler und Profis sehr kritisch auf solche schauen, die mit Tricks oder durch unerlaubte Hilfsmittel Abkürzungen nehmen.

Wer unbedingt mit Computerhilfe Schach spielen will, hat heutzutage genügend Möglichkeiten: Fernschach und *Freistil-Schach*. Freistil-Schach wird typischerweise in Real-zeit über Internet gespielt. Dabei darf ein Spieler alle möglichen Hilfsmittel benutzen: Beratung durch ande-re Menschen, Literatur, Datenbanken, Schachprogramme (auf beliebig vielen PCs gleichzeitig) usw. Es ist „freier Stil" im wahrsten Sinne des Wortes. Gerade aktuell (Februar bis April 2014) gab es im Freistil-Schach wieder ein gutdotier-tes Online-Turnier (Preissumme 20.000 US-Dollar) und

den Hinweis, dass dieses nur die Generalprobe für noch
viel besser dotierte Events sein soll. Auch auf einem populären Schachserver gibt es explizit die Möglichkeit, als
Zentaur (also als Mensch mit Computerhilfe) anzutreten.

Teil 4

Mathematik mit Zahlenexperimenten

15

Der Tanz der Nullstellen
zu ihren Stühlen

Die „Reise nach Jerusalem" hat wohl jeder in seiner Kindheit mal gespielt. Es gibt Mitspieler und Stühle, aber insgesamt einen Stuhl zu wenig. Die Spieler bewegen sich zu einer Musik. Sobald diese verstummt, setzt sich jeder auf einen Stuhl. Übrig bleibt ein armer Mitspieler ohne Sitzplatz. Er scheidet aus, ein Stuhl wird weggenommen und die Musik wieder angestellt.

In diesem Kapitel betrachten wir eine mathematische Reise nach Jerusalem. Die Erklärungen gehen ganz einfach los. Der eine Leser oder die andere Leserin wird an irgendeiner Stelle mathematisch abgehängt werden. Das ist aber nicht schlimm; es kommen Momente für den Wiedereinstieg.

Quadratische Gleichungen

Wir fangen mit etwas Schulstoff an: Gesucht sind Lösungen der Gleichung

$$x^2 + ax + b = 0.$$

I. Althöfer, R. Voigt, *Spiele, Rätsel, Zahlen*, DOI 10.1007/978-3-642-55301-1_15,
© Springer-Verlag Berlin Heidelberg 2014

Die Formel aus dem Mathematik-Unterricht besagt, dass die beiden Lösungskandidaten gegeben sind durch

$$x_1 = -\frac{a}{2} + \sqrt{\frac{a^2}{4} - b}$$

und

$$x_1 = -\frac{a}{2} - \sqrt{\frac{a^2}{4} - b}.$$

Wir schreiben absichtlich Lösungs„kandidaten" und nicht Lösungen, weil ein Missgeschick passieren kann. Wenn der Ausdruck unter der Wurzel negativ ist, existiert die Wurzel daraus nicht auf der Zahlengeraden. Und wenn der Ausdruck unter der Wurzel gleich null ist, fallen die beiden Lösungen zu einer zusammen.

Mathematiker haben schon vor mehreren Jahrhunderten einen eleganten Weg gefunden, die Sache zu glätten. Sie führten einfach künstlich eine Zahl i ein und behaupteten, dass $i^2 = -1$ gilt. Schon war das Problem mit den Wurzeln aus negativen Zahlen gelöst. Zum Beispiel ist dann $\sqrt{-4} = 2 \cdot i$, denn es ist $2 \cdot i \cdot 2 \cdot i = 2 \cdot 2 \cdot i \cdot i = 4 \cdot (-1) = -4$. Durch die hinzugefügte neue Zahl i sind also auf einen Schlag Wurzeln für alle negativen reellen Zahlen „entstanden". Auch für i selbst und sogar für alle Zahlen der Form $a + ib$ gibt es auf natürliche Weise Quadratwurzeln.

Vokabel-Ängste eines Mathe-Schülers

Ich erinnere mich noch an den Mathematik-Aufbaukurs in der neunten Klasse. Unser Lehrer Osterhage hatte die Wurzel aus −1 eingeführt, direkt vor der Pause. Auf dem Schulhof ratterte es in meinem Kopf: Würde es mit den Wurzeln aus negativen Zahlen so schlimm werden wie im Latein-Unterricht mit den vielen Vokabeln, die ich auswendig zu lernen hatte? Würde es für jede negative Zahl einen eigenen Buchstaben zu behalten geben? Aber irgendwie konnte das nicht sein, weil es ja nur 26 Buchstaben gab ... Auf die einfache Idee, mit der Zahl i ebenso wie mit anderen ganzen oder gebrochenen Zahlen zu rechnen, kam ich auf die Schnelle nicht. Direkt nach der Pause die Erlösung: Herr Osterhage erklärte, dass man ganz einfach gemischte Zahlen der Form $a + i \cdot b$ betrachtet, wobei a und b herkömmliche (reelle) Zahlen sind. Rechnen kann man mit ihnen ganz normal, z. B. beim Addieren:

$$(a_1 + i \cdot b_1) + (a_2 + i \cdot b_2) = (a_1 + a_2) + i \cdot (b_1 + b_2).$$

Die Multiplikation geht fast genauso einfach:

$$\begin{aligned}
(a_1 + i \cdot b_1) \cdot (a_2 + i \cdot b_2) = {} & a_1 \cdot a_2 + i \cdot (a_1 \cdot b_2) \\
& + i \cdot (b_1 + a_2) \\
& + i \cdot i \cdot (a_2 + b_2)
\end{aligned}$$

Jetzt berücksichtigt man, dass $i \cdot i = -1$ ist, und erhält als Gesamtergebnis

$$\cdots = (a_1 \cdot a_2 - b_1 \cdot b_2) + i \cdot (a_1 \cdot b_2 + a_2 \cdot b_1).$$

Zahlen wie $(a + i \cdot b)$ werden „komplexe Zahlen" genannt. Man kann sie in der Ebene veranschaulichen, in der die x-Achse durch die Vielfachen von 1 gegeben ist und die y-Achse durch die Vielfachen von i.

Lösungen anderer Gleichungen

Die reellen Zahlen sind also nicht das Ende der Zahlenstange. Sie bilden nur die eine Achse in der Ebene der komplexen Zahlen. In dieser Ebene hat jeder Punkt z eine Wurzel y, also eine Zahl y mit $y \cdot y = z$. (Bis auf die Null hat jede komplexe Zahl sogar genau zwei verschiedene Wurzeln.)

Klar ist auch, wie die komplexen Zahlen beim Lösen unserer quadratischen Gleichung helfen. Wenn $(\frac{a^2}{4} - b)$ negativ ist, dann hat die Gleichung die (beiden) Lösungen

$$-\frac{a}{2} \pm i \cdot \sqrt{-\frac{a^2}{4} + b}\,.$$

Die Mathematiker erkannten eine weitere tolle Eigenschaft der komplexen Zahlen: Sie taugen auch als geniales Hilfsmittel, um Gleichungen höheren Grades statt nur des Grades 2 zu lösen. Eine Gleichung n-ten Grades (mit führendem Koeffizienten 1) ist gegeben durch

$$x^n + c_{n-1} \cdot x^{n-1} + c_{n-2} \cdot x^{n-2} + \cdots + c_1 \cdot x + c_0 = 0\,, \quad (15.1)$$

wobei die c_i reelle Zahlen oder allgemeiner komplexe Zahlen sind. Für $n = 1$ ergibt sich eine lineare Gleichung, immer mit genau einer Lösung; für $n = 2$ hat man immer zwei Lösungen (in den komplexen Zahlen), die verschieden oder identisch sein können.

Der Fundamentalsatz der Algebra

Der *Fundamentalsatz der Algebra* besagt: Zu jeder Gleichung vom Typ (15.1) gibt es komplexe Zahlen α_1 bis α_n, so dass gilt:

$$x^n + c_{n-1}x^{n-1} + \cdots + c_1 x + c_0 = (x - \alpha_1) \cdot \ldots \cdot (x - \alpha_n),$$

in mathematischer Kurzschreibweise also

$$x^n + \sum_{j=0}^{n-1} c_j x^j = \prod_{j=1}^{n} (x - \alpha_j).$$

Natürlich können mehrere der α_i identisch sein. Carl Friedrich Gauß (1777–1855) war von diesem Sachverhalt so begeistert, dass er im Rahmen seiner Doktorarbeit (1799) einen für damalige Verhältnisse sehr genauen Beweis für die Aussage angab. Zu Ehren von Gauß gab es übrigens 1977 in der Bundesrepublik Deutschland eine Briefmarke, die die komplexe Zahlenebene zeigt.

Zwischenruf: Wann kommt endlich die „Reise nach Jerusalem"?

Die n Mitspieler haben wir schon, nämlich die Nullstellen der Gl. (15.1). Es fehlen noch die $n - 1$ Stühle.

Zu Gl. (15.1) gehört das Polynom $P(z) = z^n + c_{n-1} \cdot z^{n-1} + \cdots + c_0$ vom Grad n. Für solch ein Polynom ist die Ableitung $P'(z)$ definiert durch

$$P'(z) = n \cdot z^{n-1} + (n-1) \cdot c_{n-1} \cdot z^{n-2} + \cdots + 2 \cdot c_2 \cdot z + c_1$$

für irgendeine komplexe Zahl z. Es wird also für jedes j zwischen n und 1 der Summand $c_j \cdot z^j$ ersetzt durch den Summanden $j \cdot c_j \cdot z^{j-1}$; und der letzte Summand c_0 fällt einfach weg.

Achtung: Wir brauchen hier *nicht* die Interpretation der Ableitung als Maß für die Steigung einer Kurve. Wichtig ist aber die Beobachtung, dass $P'(z)$ auch wieder ein Polynom ist, und zwar eines vom Grad $(n-1)$, wenn $P(z)$ den Grad $n > 0$ hat.

Die Anwendung des Fundamentalsatzes auf P' ergibt, dass $n-1$ komplexe Zahlen $\beta_1, \ldots, \beta_{n-1}$ existieren, so dass gilt:

$$P'(z) = n \cdot \prod_{j=1}^{n-1} (z - \beta_j).$$

Der Vorfaktor n bei dieser Produktdarstellung kommt von dem Vorfaktor n vor z^{n-1} in P'.

Jerusalem-Update: Die Zahlen β_1 bis β_{n-1} werden die Stühle für das Spiel repräsentieren.

Historische Aussagen über Nullstellen und ihre Stühle

Wir erzählen zwei altbekannte Ergebnisse, die die Nullstellen von $P(z)$ mit denen von $P'(z)$ in Beziehung setzen. Die Beweise lassen wir weg. Der von Satz 15.1 ist einfach, der von Satz 15.2 dagegen schwer.

Satz 15.1 *Die Nullstellen α_i von $P(z)$ haben den gleichen Schwerpunkt wie die Nullstellen β_j von $P'(z)$. Als Formel geschrieben:*

$$\frac{1}{n} \cdot \sum_{i=1}^{n} \alpha_i = \frac{1}{n-1} \cdot \sum_{j=1}^{n-1} \beta_j. \tag{15.2}$$

Aufgefallen sein dürfte die Gleichheit (15.2) für $n = 2$ allen, die einmal eine Normalparabel P mit ihren zwei Nullstellen genauer betrachtet haben. Der Scheitelpunkt liegt immer genau auf halbem Weg zwischen den Nullstellen. Und der Scheitelpunkt ist nun einmal die einzige Nullstelle der Ableitung P'.

Satz 15.2 (Satz von Gauß und Lucas) *Alle β_j liegen in der konvexen Hülle der α_i.*

Gauß hat die Aussage von Satz 15.2 im Jahr 1836 formuliert, allerdings ohne Beweis. Der erste publizierte Beweis geht zurück auf Felix Lucas, aus dem Jahr 1879.

Zwei Beispiele in den Abb. 15.1 und 15.2 machen klar, was mit konvexer Hülle gemeint ist.

Frage: Wie kann man auf *formale* Weise (also nicht nur nach Bauchgefühl) eine natürliche oder die natürlichste Zuordnung der Nullstellen zu den Stühlen erreichen? Wir stellen zwei Wege vor.

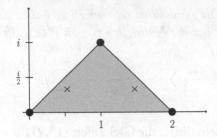

Abb. 15.1 Drei Nullstellen bei 0, $1 + i$ und 2. Die Nullstellen der Ableitung des zugehörigen Polynoms sind als Kreuzchen eingezeichnet

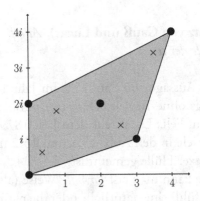

Abb. 15.2 P hat die 5 Nullstellen $0, 2i, 2 + 2i, 3 + i, 4 + 4i$ in der komplexen Ebene, von denen die vier äußeren die konvexe Hülle aufspannen. Der grau unterlegte Bereich ist die konvexe Hülle. Die vier Nullstellen von P' liegen alle in diesem grauen Bereich

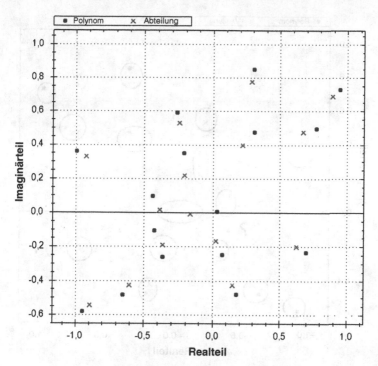

Abb. 15.3 Die 16 Nullstellen eines Polynoms vom Grad 16 und die 15 Nullstellen der Ableitung dieses Polynoms

Vorher aber ein weiteres Beispiel mit Diagrammen: Die Abb. 15.3 zeigt die Nullstellen für ein Polynom vom Grad 16. Der Leser mag selbst entscheiden, wie er die Zuordnung zu den Nullstellen der Ableitung vornehmen würde. Abbildung 15.4 zeigt unseren Lösungsvorschlag.

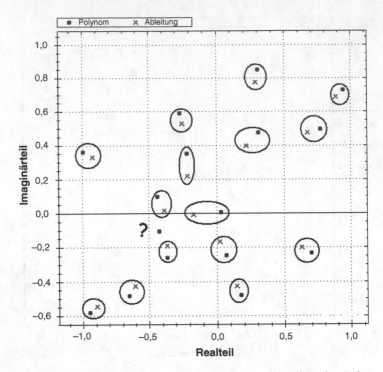

Abb. 15.4 Betrachtet werden wieder die Nullstellen des Polynoms und seiner Ableitung wie in Abb. 15.3. Hier hat jemand mit gesundem Menschenverstand durch Kringel angedeutet, welche Nullstellen von P auf welchen Stühlen zum Sitzen kommen könnten. Die eine Nullstelle ohne Stuhl ist durch eine Fragezeichen markiert

Zuordnungen à la Kaffka

Der Mathematik-Student Konrad Kaffka [Kaffka (2012)] hat in einem Kapitel seiner Diplomarbeit folgenden Ansatz verfolgt: Für jedes Paar α_i und β_j von Nullstellen bestimmt er den euklidischen Abstand $d(i, j) = \|\alpha_i - \beta_j\|$. Außerdem führt er ein neues Element β_n ein, was zu allen α_i den künstlichen Abstand null hat, also $d(i, n) = 0$ für alle i. Die Abstände $d(i, j)$ fasst er als Kosten auf und berechnet dazu eine kostenminimale Lösung des Zuordnungs-Problems, was jeder P-Nullstelle eine P'-Nullstelle zuordnet und die nichtversorgte P-Nullstelle mit Kosten 0 „tröstet". Solche Zuordnungs-Probleme sind eine Standardaufgabe in der kombinatorischen mathematischen Optimierung.

Als Beispiel betrachten wir ein Polynom dritten Grades mit Nullstellen bei $\alpha_1 = 0$, $\alpha_2 = 2$ und $\alpha_3 = 1 + i$. Das Polynom ist gegeben durch

$$
\begin{aligned}
P(z) &= z \cdot (z - 2) \cdot (z - (1 + i)) \\
&= z^3 - (3 + i) \cdot z^2 + (2 + 2i) \cdot z.
\end{aligned}
\tag{15.3}
$$

Die Ableitung ist

$$
P'(z) = 3 \cdot z^2 - (6 + 2i) \cdot z + (2 + 2i).
$$

P' hat Nullstellen bei

$$
\beta_1 = \frac{3 - \sqrt{2}}{3} + \frac{1}{3} \cdot i \approx 0{,}53 + 0{,}33i
$$

$$
\beta_2 = \frac{3 + \sqrt{2}}{3} + \frac{1}{3} \cdot i \approx 1{,}47 + 0{,}33i
$$

α_3 hat von jedem der β_j den euklidischen Abstand 0,81, während α_1 nur 0,62 weit von β_1 entfernt ist. Die distanzminimale Zuordnung ist also:

$\alpha_1 \leftrightarrow \beta_1$ und $\alpha_2 \leftrightarrow \beta_2$. Dabei geht α_3 leer aus, weil es einfach zu hoch und damit zu weit weg von den β_j liegt.

Zuordnungen à la Schmeisser

Kaffkas Diplomarbeit schickte ich im Sommer 2012 an Prof. Gerhard Schmeisser nach Erlangen. Er ist einer der weltweit führenden Mathematiker auf dem Gebiet der Analyse von Polynomen [Rahman, Schmeisser (2002)]. Unser Jenaer experimenteller Zugang (mit nur wenigen Beweisen) war für ihn gewöhnungsbedürftig. Die Ergebnisse fand er trotzdem interessant. Für die Zuordnung im *Jerusalem-Spiel* schlug er eine andere Lösung vor als die von Kaffka: Wenn P das eine Polynom (vom Grad n) ist und P' das andere (vom Grad $n - 1$), dann kann man das gemischte Polynom

$$P_\lambda(z) = (1 - \lambda) \cdot P(z) + \lambda \cdot P'(z)$$

für reellwertige λ betrachten. Für alle reellen λ ungleich 1 ist $P_\lambda(z)$ ein Polynom vom Grad n, hat also n komplexe Nullstellen.

Wissen muss man Folgendes: Die Nullstellen eines Polynoms $c_n \cdot x^n + \cdots + x_1 \cdot x + c_0$ hängen stetig von den Koeffizienten c_k ab. Wenn sich zwei Polynome vom gleichen Grad in ihren Koeffizienten nur wenig unterscheiden, werden ihre Nullstellen an ähnlichen Orten liegen. Für $\lambda \approx \lambda'$ haben P_λ und $P_{\lambda'}$ also fast die gleichen Nullstellen.

Herrn Schmeissers Idee war: Die Nullstellen von $P(z)$ wandern bei den $P_\lambda(z)$ mit λ auf stetigen Linien in der komplexen Ebene herum, bis sie für $\lambda = 1$ bei den Nullstellen von P' angekommen sind. Solch einen Ansatz nennt man Homotopie-Methode, nach dem griechischen Ausdruck „homos topos" für „gleicher Platz". Wenn das ganze ohne Überschneidung von Wegen abläuft, hat man am En-

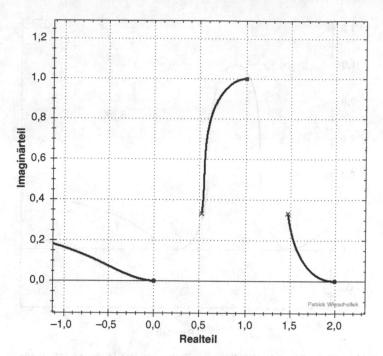

Abb. 15.5 Die Kurven der Nullstellen von $(1 - \lambda) \cdot P + \lambda \cdot P'$ für P in Gl. (15.3)

de also eine 1 : 1-Zuordnung zwischen den Nullstellen von P und P'. Typischerweise wird dabei eine P-Nullstelle leer ausgehen. Ihr Pfad wird „irgendwo" im Nirwana enden.

Konrad Kaffka hat inzwischen die Uni Jena verlassen. So suchte ich einen anderen Studenten zur Fortsetzung der Experimente und fand Patrick Wieschollek. In der Master-Vorlesung „Diskrete und experimentelle Optimierung" gibt es keine wöchentlichen Übungsserien. Stattdessen bekommt jeder einzelne Teilnehmer zu Beginn des Se-

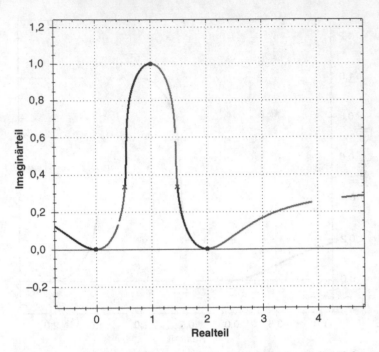

Abb. 15.6 Die λ-Nullstellen zum Polynom in Gleichung (15.3) für alle λ ∈ [− 10, +11]. In den drei Lücken der Kurve liegen die Nullstellen für λ < −10 und λ > 11

mesters eine echte Forschungs-Aufgabe gestellt, bei der nicht klar ist, was am Ende herauskommen wird. Insbesondere weiß auch ich als Themensteller nicht, was genau passieren wird. Der Student hat alle drei Wochen einen Einzel-Betreuungstermin, und zwei Mal im Laufe des Semesters gestaltet er eine Sitzung der Vorlesung zu seinem Thema. Herr Wieschollek programmierte also die Idee von Prof. Schmeisser. Die gefundenen Nullstellen der P_λ trägt sein Programm in ein Diagramm ein. Für das Beispiel in

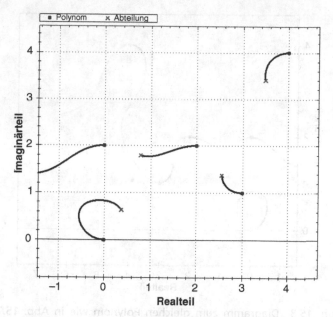

Abb. 15.7 Die Kurven für das Polynom in Abb. 15.2. Es sind nur die Nullstellen für Werte $\lambda \in [0, 1]$ eingezeichnet

Abb. 15.1 (mit P-Nullstellen bei 0, 2 und $1 + i$) ergibt sich das Bild in Abb. 15.5.

Man sieht eine Zuordnung; im Beispiel geht die linke Nullstelle (bei 0) leer aus. Für λ gegen 1 konvergiert ihr Partner über Realteil -1 hinaus gegen minus unendlich. Nachdem wir uns etliche solche Bilder angeschaut hatten, kam die Idee, es auch einmal mit beliebigen reellen Parametern für λ zu probieren und nicht nur mit solchen aus dem Intervall [0, 1].

Abbildung 15.6 zeigt das Ergebnis, wenn λ das Intervall von -10 bis $+11$ durchläuft. Jetzt sieht man auch, dass die

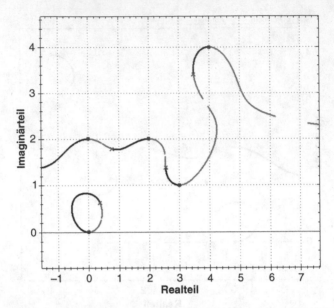

Abb. 15.8 Diagramm zum gleichen Polynom wie in Abb. 15.7, jetzt mit den Nullstellen für alle λ zwischen -10 und $+11$

drei „Bögen" in Abb. 15.5 in Wirklichkeit Teilstücke einer langen Kurve sind.

Für das Polynom mit den drei Nullstellen bei 0, 2 und $1 + i$ ergeben der Kaffka- und der Schmeisser-Ansatz also verschiedene Zuordnungen.

Für das Polynom mit den Nullstellen in Abb. 15.2 ergeben sich mit der Schmeisser-Methode für die verschiedenen λ die Nullstellen in Abb. 15.7 ($0 \leq \lambda \leq 1$) und Abb. 15.8 ($-10 \leq \lambda \leq +11$).

Auf der Webseite http://www.althofer.de/tanz-der-nullstellen.html zeigen wir farbige Diagramme mit den

Nullstellen-Kurven. Dabei haben wir speziell die Farbe hellblau absichtlich gewählt, weil sie an die Streckenmarkierungen bei Super-G-Rennen im Skisport erinnern.

Mehrere Jerusalem-Runden

Die Reise nach Jerusalem besteht ja aus mehreren Runden: n Spieler „kämpfen" um $n - 1$ Stühle, einer scheidet aus. Dann kämpfen die verbliebenen $n - 1$ Spieler um $n - 2$ Stühle usw. Übertragen auf die Welt der Polynome, werden die n Nullstellen von P den $n - 1$ Nullstellen von P' zugeordnet. Dann werden die $n - 1$ Nullstellen von P' den $n-2$ Nullstellen von P'' zugeordnet usw. Bei Kaffkas Ansatz lässt sich aus der Folge der Zuordnungen ein schönes buntes Diagramm machen, wenn man die Nullstellen der verschiedenen Stufen und die Verbindungskanten in verschiedenen Farben darstellt, z. B. in denen eines Regenbogens. Auf der Webseite zum Buch sind Beispiele gezeigt, für Polynome vom Grad 10 und 50 und ihre Ableitungen.

Bei dem Homotopie-Ansatz kann man nach Transitivität fragen: Es werde bei dem Übergang von P zu P' die P-Nullstelle α_i in die P'-Nullstelle β_j überführt und bei dem Übergang von P' zu P'' dieses β_j in die P''-Nullstelle γ_k überführt. Was geschieht im Vergleich dazu, wenn direkt die P-Nullstellen (n Stück) in die P''-Nullstellen ($n - 2$ Stück) überführt werden? Transitivität würde bedeuten, dass das genannte α_i direkt in γ_k übergeht. Das ist aber durchaus nicht immer der Fall. Auch dazu gibt es ein Beispiel auf der Webseite.

Die Vermutung von Rehr

Während des Experimentierens mit den Nullstellen und ihren Stühlen wurde der Student *Hauke Rehr* auf uns aufmerksam. Im Rechnerpool der Uni Jena saß er neben Konrad Kaffka, als dieser mit dem Tippen seiner Arbeit beschäftigt war. Rehr begeisterte sich für die Nullstellen-Bilder auf dem Monitor und fing an, Verständnisfragen zu stellen. Nach wenigen Minuten war ihm klar, um was es ging, und er stellte erste Forschungs-Fragen, auf die Kaffka keine direkten Antworten hatte.

Am Ende des Tages kristallisierte sich eine von Hauke Rehrs Fragen als wirklich interessante Vermutung heraus. Wenn sie stimmt, wäre sie eine Verschärfung des Satzes von Gauß und Lucas. Zunächst formulieren wir die Vermutung für den Spezialfall eines Polynoms vom Grad 4.

Wenn keine der 4 Nullstellen in der konvexen Hüllen der anderen 3 Nullstellen liegt, behauptet Rehr nicht mehr als die Aussage von Gauß-Lucas. Wenn aber eine Nullstelle α_4 echt in der konvexen Hülle der anderen 3 Nullstellen $\alpha_1, \alpha_2, \alpha_3$ liegt, dann zerlegen die Verbindungsstrecken zwischen α_4 und den anderen α_i die konvexe Hülle in drei Dreiecke D_1, D_2, D_3. Rehr behauptet dafür: Dann liegt im Inneren von mindestens einem D_k keine Nullstelle der Ableitung (kein β_j). Abbildung 15.9 veranschaulicht die Situation.

Es gibt Beispiele, bei denen auf dem Rand von jedem D_k mindestens ein β_j liegt, aber nicht im Inneren.

Allgemein bezieht sich die *Vermutung von Rehr* (2012) auf Polynome über den komplexen Zahlen, deren Nullstel-

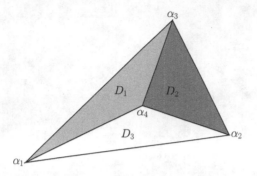

Abb. 15.9 Die 3 Nullstellen der Ableitung des Polynoms $P(z) = (z - \alpha_1)(z - \alpha_2)(z - \alpha_3)(z - \alpha_4)$ liegen in zweien der Dreiecke D_1, D_2, D_3, d. h. ein Dreieck enthält keine Nullstelle der Ableitung

len nicht alle auf einer Geraden liegen. Sie besagt für diese Polynome: Es gibt einen geschlossenen Streckenzug, der seine Ecken nur an den Nullstellen von P hat und der die Ebene in einen inneren und einen äußeren Teil so teilt, dass alle Nullstellen der Ableitung im inneren Teil (inklusive Rand) liegen.

Die obige Aussage mit den Innen-Dreiecken für Polynome vom Grad 4 ist gerade ein Spezialfall, weil der geschlossene Kantenzug nur über die Außenseiten des großen Dreiecks und über die Kanten zu α_4 verlaufen kann.

Im April 2014 wurde dieser Spezialfall der Rehrschen Vermutung bewiesen [Rüdinger (2014)], ebenso der analoge Fall für Polynome vom Grad n, bei denen genau eine der Nullstellen von P im Inneren der konvexen Hülle der übrigen $n - 1$ Nullstellen liegt.

16

Mathematische Optimierung im Land der Quadrate

Schokoladen-Transport in Ritterspordanien

Es gibt Länder, in denen sich fast alles um Schokolade dreht. Ritterspordanien gehört dazu. Dort werden Schokoladentafeln nur in quadratischen Größen hergestellt: Es gibt Tafeln mit 1×1, mit 2×2, 3×3 Stücken usw. Zu jeder natürlichen Zahl n gibt es Gussformen für die $n \times n$-Tafeln.

Von den Werken werden die Tafeln in besonderen Containern zu den Kunden verschickt, wobei in jeden Container nur genau eine quadratische Tafel passt. Der Transport einer Tafel kostet, unabhängig von ihrer Größe und der Länge des Transportwegs, einen Taler.

Neulich kam es zu folgender Liefersituation: Gleichzeitig gingen Bestellungen von zwei Kunden B_1 und B_2 ein: Der erste wollte 7 Einheiten haben, der andere 113. Gerade hatten zwei Werke A_1 und A_2 Kapazitäten frei, und zwar jedes der beiden für 60 Schokoladen-Einheiten. Schnell wurde ein Lieferplan entworfen: B_1 sollte vier Tafeln bekommen,

I. Althöfer, R. Voigt, *Spiele, Rätsel, Zahlen*, DOI 10.1007/978-3-642-55301-1_16,
© Springer-Verlag Berlin Heidelberg 2014

nämlich eine mit 2×2 Einheiten und drei mit je 1 Einheit. Dies alles sollte Werk A_1 machen und liefern.

Die 113 Einheiten an den Kunden B_2 sollten in sechs Partien geliefert werden: zwei Tafeln (mit 7×7 bzw. 2×2 Einheiten) von Werk A_1, Tafeln mit 7×7, 3×3 und zweimal 1×1 von Werk A_2. Als der cholerisch veranlagte Generaldirektor des Schokoladenkonzerns davon erfuhr, explodierte er: „Seid ihr schoko? Bei dem Plan kostet uns der Transport zehn Taler. Das muss besser gehen! Um Alles muss man sich selbst kümmern."

Hatte der Chef Recht? Es wurde der Konzern-Mathematiker eingeschaltet. Der rechnete still und routiniert. Weil er am Ende seinem Chef nicht total vor den Kopf stoßen wollte, formulierte er das Ergebnis so: „In ganz vielen Szenarien mit zwei Werken und zwei Konsumenten geht es in der Tat mit 8 oder 9 Tafeln. Aber in dieser speziellen Situation kommen wir um die zehn Taler Transportkosten nicht herum, Chef. Im Übrigen können wir froh sein, denn es gibt auch Beispiele, bei denen 11 Taler nötig sind."

Um die Aussage des Konzern-Mathematikers nachvollziehen zu können, holen wir etwas aus.

Der Vier-Quadrate-Satz von Lagrange

Die Situation mit nur einem Werk und einem Kunden ist seit Joseph Louis Lagrange (1736–1813) gut verstanden. Es lässt sich nämlich sein alter Satz aus der mathematischen Zahlentheorie auf den Schokoladen-Transport anwenden.

Satz 16.1 (4-Quadrate-Satz, Lagrange, 1770) *Jede natürliche Zahl n lässt sich als Summe von höchstens vier Quadratzahlen schreiben.*

Den Beweis wiederholen wir hier nicht. Man weiß auch genau, welche natürliche Zahl n für ihre Darstellung wie viele Quadrate benötigt. Es sei S_i die Menge der Zahlen n, bei denen i Quadrate nötig sind, um sie als Summe von Quadratzahlen darzustellen.

Natürlich ist S_1 die Menge der Quadratzahlen selbst, also ist $S_1 = \{1, 4, 9, 16, 25, \dots\}$.

S_4, sozusagen die Menge am anderen Ende, ist auch recht übersichtlich, nämlich gegeben durch

Satz 16.2 $S_4 = \{4^d \cdot (8k+7) \mid d, k \in \mathbb{N}\} = \{7, 15, 23, \dots\}$
$\cup \{28, 60, 92, \dots\} \cup \{112, \dots\} \cup \dots$

Auch schon lange bekannt ist

Satz 16.3 *Eine natürliche Zahl ist genau dann in $S_3 \cup S_4$, wenn es in ihrer Primfaktor-Zerlegung einen Primfaktor p gibt, der einen ungeraden Exponenten hat und kongruent 3 (mod 4) ist.*

Beispiel 16.1 $63 = 3^2 \cdot 7^1$ gehört zu S_4 und $27 = 3^3 = 25 + 1 + 1$ sowie $75 = 5^2 \cdot 3^1 = 49 + 25 + 1$ sind in S_3.

∎

Damit sind die Mengen S_1, S_3 und S_4 charakterisiert.

Alle anderen natürlichen Zahlen liegen in S_2. Insbesondere sind alle Primzahlen p, für die p kongruent 1 (mod 4)

ist, als Summe von zwei Quadratzahlen darstellbar. Im Startbeispiel hatten wir das schon für $53 = 7^2 + 2^2$ gesehen.

Im Bereich richtig großer Zahlen gibt es nur relativ wenige Elemente in $S_1 \cup S_2$. Genauer gesagt, gibt es eine Konstante c_{LR}, benannt nach Landau und Ramanujan, so dass für große n in der Menge $\{1, 2, \ldots, n\}$ etwa $c_{LR} \cdot n / \sqrt{\log n}$ viele Zahlen zu $S_1 \cup S_2$ gehören. Es ist $c_{LR} \approx 0{,}764$. Man beachte, dass der Ausdruck $\sqrt{\log n}$ mit n nur ganz langsam wächst. Aber weil er für n gegen unendlich beliebig groß wird, nimmt der relative Anteil der S_2-Zahlen immer mehr ab.

Einschub: das Transportproblem ohne Zahlentheorie

Wir zeigen zunächst, dass es für das Transportproblem mit 2 Werken und 2 Kunden in Ritterspordanien immer eine Lösung mit höchstens 12 Tafeln gibt.

Dazu betrachten wir die 2×2-Version des klassischen Transportproblems – ohne Quadratbedingungen. Die beiden Werke sollen die Kapazitäten a_1 und a_2 haben, und die zwei Kunden die Stückbedarfe b_1 und b_2. Die Randbedingung $a_1 + a_2 = b_1 + b_2$ heißt Balanciertheit. Im Beispiel oben war $a_1 = a_2 = 60$, $b_1 = 7$, $b_2 = 113$. Für jedes Paar (i, j) sei x_{ij} die Menge, die von Werk i zu Kunde j geschafft wird.

Anmerkung Für balancierte Probleme (beliebiger Größe m×n) gibt es immer einen *Treppenplan*.

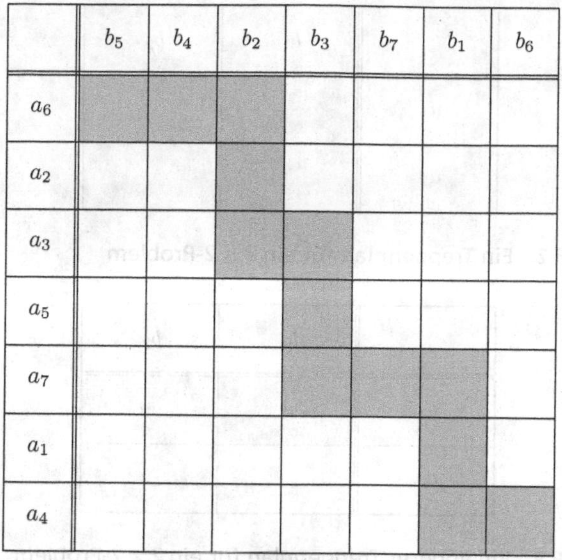

	b_5	b_4	b_2	b_3	b_7	b_1	b_6
a_6	▨	▨	▨				
a_2			▨				
a_3			▨	▨			
a_5				▨			
a_7				▨	▨		
a_1						▨	
a_4						▨	▨

Abb. 16.1 Ein Treppenplan für ein 7 × 7-Transportproblem. Grau unterlegt sind die Zellen mit positivem x_{ij}

Was ist ein Treppenplan? Die Menge der benutzten (i, j)-Verbindungen, also solchen mit $x_{ij} > 0$, beginnt in einem Treppenplan links oben und endet rechts unten. An der ersten Position setzt man das Minimum von a_1 und b_1 ein. Dadurch ist eine Spalte oder eine Zeile erledigt. In jedem einzelnen Schritt geht es dann entweder nach rechts oder nach unten weiter. Abbildung 16.1 zeigt einen typischen Treppenplan für ein 7 × 7-Transportproblem.

Die Abb. 16.2, 16.3 und 16.4 zeigen die drei möglichen Formen einer Treppe für das 2 × 2-Problem. Das dritte Beispiel ist ein Sonderfall, wo die mittlere Eckstufe (1,2) oder

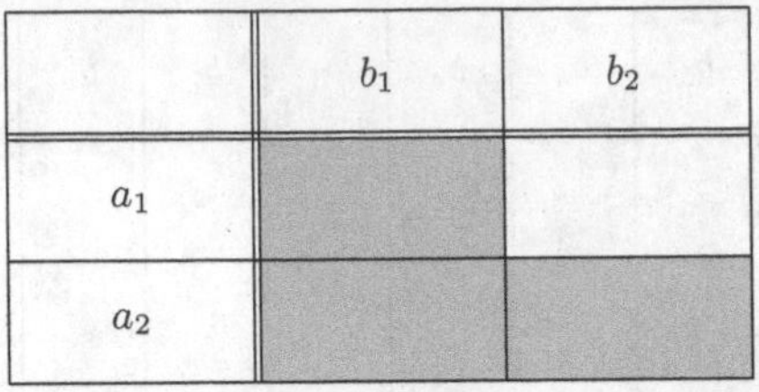

Abb. 16.2   Ein Treppenplan für ein 2 × 2-Problem

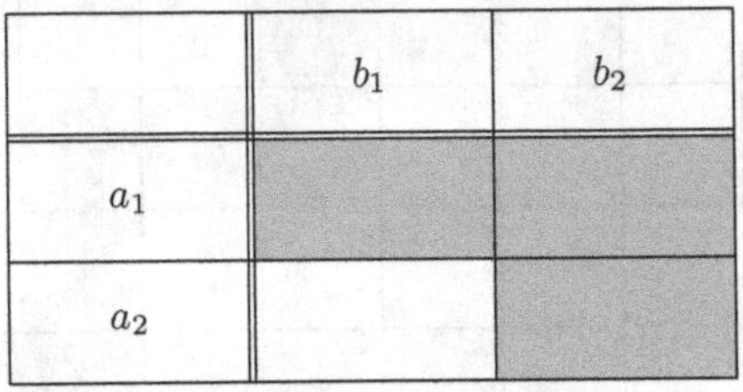

Abb. 16.3   Ein anderer Treppenplan für ein 2 × 2-Problem

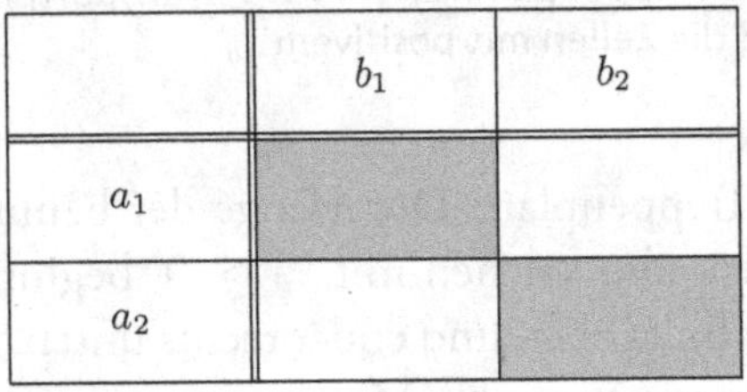

Abb. 16.4   Ein degenerierter Treppenplan für ein 2 × 2-Problem

(2,1) fehlt. In den Fällen in Abb. 16.2 und Abb. 16.3 sind drei x_{ij}-Werte positiv.

Teure Treppenpläne

Nach dem Satz von Lagrange genügen für jedes graue Feld vier Quadrate, insgesamt kommt man also mit $3 \cdot 4 = 12$ Quadraten aus. Im Sonderfall mit nur zwei grauen Feldern (Abb. 16.4) genügen sogar 8 Quadrate. In Ritterspordanien sind für das 2×2-Problem Treppenpläne aber nicht immer bestmöglich. Hier ist ein Beispiel. Die beiden Werke mögen die Kapazitäten 126 und 112 haben, und die beiden Kunden je 119 Stücke benötigen. Als Treppenplan ergibt sich die in Abb. 16.5 dargestellte Lösung mit Liefermengen 119, 7, 112 (und 0). Alle drei Zahlen liegen in S_4, also braucht dieser Treppenplan wirklich 12 Quadrate. Verzichtet man auf die Treppenbedingung, so gibt es z. B. mit $x_{11} = 100$, $x_{12} = 25 + 1$, $x_{21} = 9 + 9 + 1$ und $x_{22} = 64 + 25 + 4$ eine 9er-Lösung.

	119	119
126	119	7
112	0	112

Abb. 16.5 Ein Beispiel mit teuren Treppenplänen

Elf Quadrate genügen immer!

Diese Aussage haben die Jenaer Mathematik-Studenten Katharina Collatz und Robert Hesse für das 2×2-Problem in Ritterspordanien mit einer Fallunterscheidung bewiesen. Für vorgegebene Tupel $(a_1, a_2; b_1, b_2)$ ganzer Zahlen sind sie die möglichen Zugehörigkeiten der einzelnen Größen zu den Mengen S_i durchgegangen und haben für jeden Fall eine Lösung mit höchstens 11 Quadraten angegeben.

Es gibt Instanzen, die elf Quadrate benötigen

Unser Argument hierfür ist nur ein Existenzbeweis. Die vier Werte der Instanz seien gegeben durch $(448, 2c - 448;$ $c, c)$. Dabei soll man sich zunächst c nur als ganz große Zahl vorstellen, die kongruent 7 (mod 8) ist. Es ist $448 = 4^3 \cdot 7$, also gehört 448 nach Satz 16.2 zur Menge S_4. Das Besondere an 448 ist, dass alle Summendarstellungen von 448 mit genau vier Quadraten (es gibt drei verschiedene davon) nur Quadrate enthalten, die Vielfache von 16 sind. Die drei möglichen Darstellungen sind

$$448 = 400 + 16 + 16 + 16,$$
$$448 = 256 + 64 + 64 + 64,$$
$$448 = 144 + 144 + 144 + 16.$$

All die vorkommenden Summanden $(16, 64, 144, 256, 400)$ sind natürlich auch Vielfache von 8. Zieht man einige von ihnen von dem oben genannten c ab, bleibt ein Rest c', der auch kongruent 7 (mod 8) ist. Wenn man also für das Gesamtproblem eine Lösung hat, bei der die 448 in insgesamt vier Quadrate aufgeteilt wird, bleibt sowohl bei dem ersten als auch bei dem zweiten c ein Rest, der kongruent 7 (mod 8) ist. Diese Reste sind in S_4, also sind weitere $4+4$ Quadrate für den Plan erforderlich. Damit braucht eine Lösung, die 448 in nur vier Summanden zerlegt, insgesamt 12 Quadrate.

Aus dem im Beispiel 16.1 in Abschn. 16.2 genannten Ergebnis von Landau und Ramanujan folgt, dass es natürliche Zahlen c kongruent 7 (mod 8) gibt, so dass alle Zahlen der Menge $C := \{c - 448, c - 447, \dots, c - 1, c\}$ in der Vereinigung von S_3 und S_4 liegen. Wenn nun die 448 nicht in 4, sondern in mindestens 5 Quadrate zerlegt wird, bleiben für jeden der beiden Kunden Restbedarfe aus C. Jeder dieser Werte braucht mindestens 3 Quadrate; man hat also eine Gesamtquadratzahl von mindestens $5 + 3 + 3 = 11$.

Niemand weiß, welches das kleinstmögliche c für solch eine Instanz ist. Es dürfte aber im Bereich der Zahlen mit mehreren hundert Dezimalstellen liegen.

Ein wohl kleineres Beispiel, das auch elf Quadrate benötigt

Hier nimmt man als Parameter die Zahlen $(96, 2d - 96; d, d)$, wobei wiederum d eine sehr große Zahl kongruent 7 (mod 8) sein soll. 96 wird sich als fast so „gut" wie die 448 in der vorherigen Konstruktion erweisen. Zwar erlaubt sie eine (eindeutige) Darstellung mit drei Quadraten, nämlich $96 = 64 + 16 + 16$, aber es gibt keine „andere" Zerlegung in 3 oder 4 echte Quadrate.

Weil sowohl 64 wie auch 16 Vielfache von 8 sind, bleiben nach einer Verteilung der 96 auf 3 Quadrate bei beiden Kunden Restwerte, die auch wieder kongruent 7 (mod 8) sind. Für solch eine Lösung wären also insgesamt $3 + 4 + 4 = 11$ Quadrate nötig. Stellt man dagegen 96 durch 5 oder mehr Quadrate dar, bleiben bei beiden Konsumenten Reste aus der Menge

$$D = \{d - 96, d - 95, \ldots, d - 1, d\}.$$

Die Anwendung des Ergebnisses von Landau und Ramanujan zeigt, dass es (große) Werte für d gibt, so dass alle Elemente aus D in $S_3 \cup S_4$ liegen. Das kleinstmögliche d mit dieser Eigenschaft dürfte um viele Größenordnungen kleiner sein als das analoge kleinste c für die Menge C bei der Konstruktion mit 448.

Offene Fragen zu Ritterspordanien

Frage 1: Welche sind die kleinsten Konstanten für c und d in den Konstruktionen zu 448 und 96?

Frage 2: Welche ist die kleinste Summe $a_1 + a_2$, so dass für ein balanciertes Problem mit $(a_1, a_2; b_1, b_2)$ 11 Quadrate gebraucht werden?

Frage 3: Gibt es ein $\lambda > 1$, so dass für alle Instanzen mit $\max\{a_1, a_2, b_1, b_2\} \leq \lambda \cdot \min\{a_1, a_2, b_1, b_2\}$ stets Lösungen mit höchstens 10 Quadraten existieren? Falls ja, welches ist das größtmögliche λ mit dieser Eigenschaft?

Frage 4: Wie sehen die Maximalanzahlen $q(m, n)$ benötigter Quadrate für das Transportproblem mit m Werken und n Kunden in Ritterspordanien aus? Der kleinste noch ungelöste Fall ist $m = 2$, $n = 3$.

Schokoladen-Transport in Tobleronien

Das Nachbarland Tobleronien von Ritterspordanien hat nur Dreiecks-Tafeln, siehe Abb. 16.6. Die möglichen Größen, gezählt in Schoko-Stücken, sind 1, 3, 6, 10, 15 usw.

Die Dreieckszahlen haben das Bildungsgesetz $D(1) = 1$ und $D(n) = D(n - 1) + n$ für alle $n > 1$. Gauß war 1796 ganz stolz, als er die damals 50 Jahre alte Vermutung beweisen konnte, dass sich jede natürliche Zahl als Summe von höchstens drei Dreieckszahlen schreiben lässt.

Wie sieht die Problematik mit 2 Werken und 2 Kunden in Tobleronien aus? Aus der Treppenkonstruktion folgt, dass es immer eine 9er-Lösung gibt. Gibt es auch Beispiele, bei denen 9 Dreieckszahlen gebraucht werden? Falls nicht, welche ist dann die schlimmstmögliche Zahl?

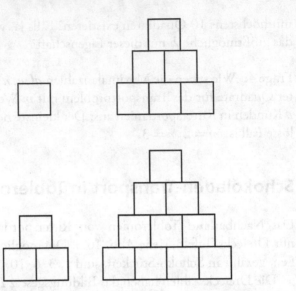

Abb. 16.6 Tafeln in Tobleronien für die kleinsten Parameter 1, 2, 3 und 4

Anhang Rätsellösungen

5	6	2	8	3	9	1	4	7
4	7	1	2	5	6	9	8	3
8	9	3	4	7	1	5	6	2
2	3	5	6	4	7	8	9	1
6	8	7	1	9	2	4	3	5
9	1	4	5	8	3	2	7	6
7	2	8	9	6	5	3	1	4
1	4	6	3	2	8	7	5	9
3	5	9	7	1	4	6	2	8

Abb. A.1 Lösung des Sudokus aus Abb. 6.1 in Kap. 6

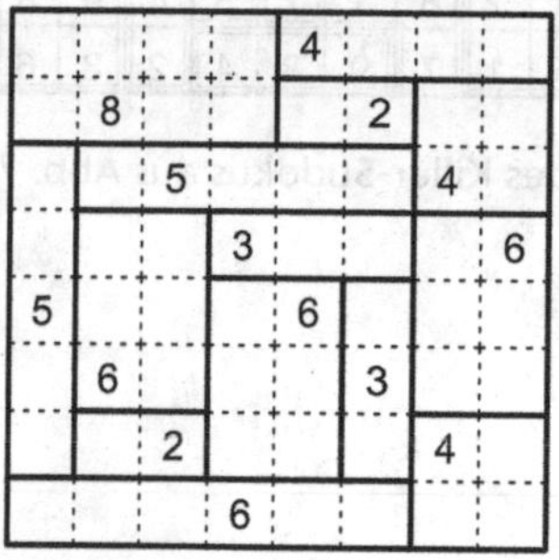

Abb. A.2 Lösung des Sikakus aus Abb. 6.2 in Kap. 6

I. Althöfer, R. Voigt, *Spiele, Rätsel, Zahlen*, DOI 10.1007/978-3-642-55301-1,
© Springer-Verlag Berlin Heidelberg 2014

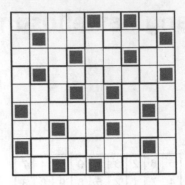

Abb. A.3 Lösung des Doppelsterns aus Abb. 6.3 in Kap. 6

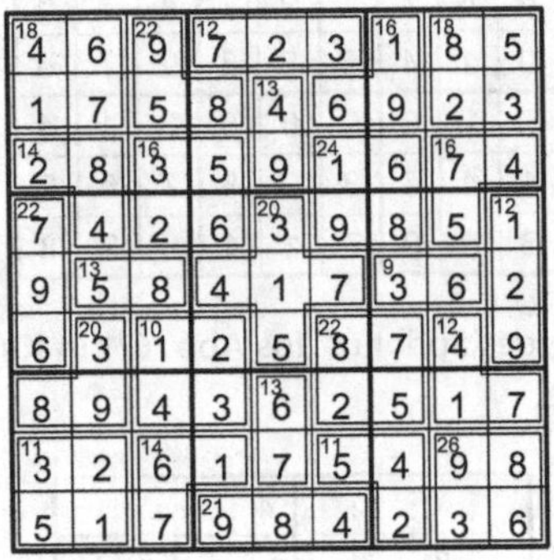

¹⁸4	6	²²9	¹²7	2	3	¹⁶1	¹⁸8	5
1	7	5	8	¹³4	6	9	2	3
¹⁴2	8	¹⁶3	5	9	²⁴1	6	¹⁶7	4
²²7	4	2	6	²⁰3	9	8	5	¹²1
9	¹³5	8	4	1	7	⁹3	6	2
6	²⁰3	¹⁰1	2	5	²²8	7	¹²4	9
8	9	4	3	¹³6	2	5	1	7
¹¹3	2	¹⁴6	1	7	¹¹5	4	²⁶9	8
5	1	7	²¹9	8	4	2	3	6

Abb. A.4 Lösung des Killer-Sudokus aus Abb. 7.4 in Kap. 7

9	8	7	6	5	4	3	2	1
1	9	8	7	6	5	4	3	2
2	1	9	8	7	6	5	4	3
3	2	1	9	8	7	6	5	4
4	3	2	1	9	8	7	6	5
5	4	3	2	1	9	8	7	6
6	5	4	3	2	1	9	8	7
7	6	5	4	3	2	1	9	8
8	7	6	5	4	3	2	1	9

Abb. A.5 Lösung des Unregelmäßigen Sudokus aus Abb. 7.5 in Kap. 7

4	2	1	5	6	3
3	5	4	6	2	1
2	6	3	1	4	5
1	3	6	2	5	4
6	4	5	3	1	2
5	1	2	4	3	6

Abb. A.6 Lösung des Lateinischen Quadrats mit Diagonalen aus Abb. 8.1 in Kap. 8

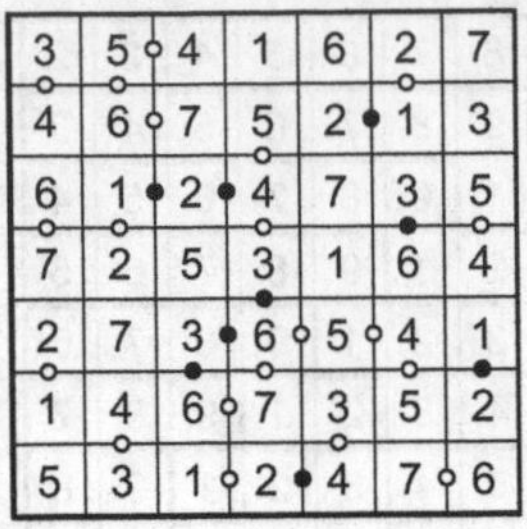

3	5	4	1	6	2	7
4	6	7	5	2	1	3
6	1	2	4	7	3	5
7	2	5	3	1	6	4
2	7	3	6	5	4	1
1	4	6	7	3	5	2
5	3	1	2	4	7	6

Abb. A.7 Lösung des Kropkis aus Abb. 8.2 in Kap. 8

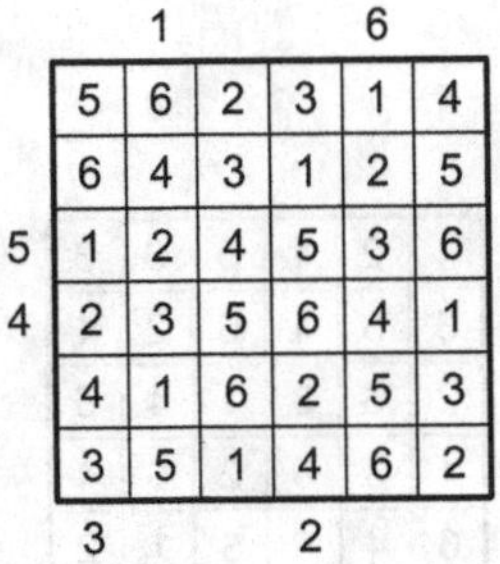

	1			6		
	5	6	2	3	1	4
	6	4	3	1	2	5
5	1	2	4	5	3	6
4	2	3	5	6	4	1
	4	1	6	2	5	3
	3	5	1	4	6	2
		3			2	

Abb. A.8 Lösung des Hochhausrätsels aus Abb. 8.3 in Kap. 8

0	1	0	0	1	0
0	1	0	1	0	0
0	0	1	0	0	0
0	0	0	0	1	1
1	0	0	0	0	1
0	1	0	0	0	0
1	0	1	0	1	0
0	1	0	1	1	0

Abb. A.9 Lösung des Exact-Cover-Rätsels aus Abb. 9.4 in Kap. 9

1	2	3	1	4	2	3
2	3	1	4	2	3	1
3	4	5	2	3	1	2
4	1	2	3	1	4	1
1	2	3	1	2	1	3
2	3	1	2	4	3	2
3	1	2	1	3	2	4

Abb. A.10 Lösung des Hakyuus aus Abb. 10.1 in Kap. 10

1	3	3	1	3	2	1
1	2	2	3	3	2	2
3	2	2	4	4	2	1
3	2	2	1	1	1	2
1	3	3	1	1	2	2
1	2	1	2	1	2	1
1	3	3	2	2	2	1

Abb. A.11 Lösung der Infektion aus Abb. 10.2 in Kap. 10

Abb. A.12 Lösung des Minenrätsels aus Abb. 10.3 in Kap. 10

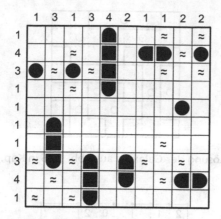

Abb. A.13 Lösung des Flottenrätsels aus Abb. 10.4 in Kap. 10

Abb. A.14 Lösung des Nurikabes aus Abb. 10.5 in Kap. 10

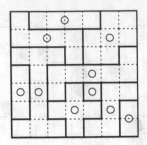

Abb. A.15 Lösung der Galaxien aus Abb. 10.6 in Kap. 10

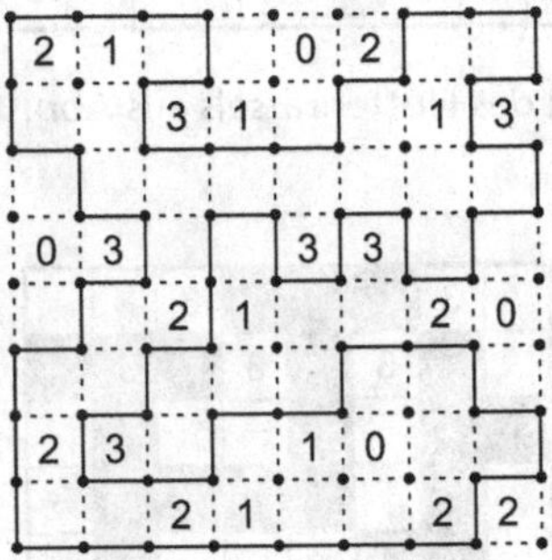

2	1			0	2		
	3	1			1	3	
0	3			3	3		
	2	1			2	0	
2	3		1	0			
	2	1			2	2	

Abb. A.16 Lösung des Rundwegs aus Abb. 10.7 in Kap. 10

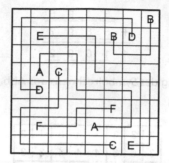

Abb. A.17 Lösung des Arukones aus Abb. 10.8 in Kap. 10

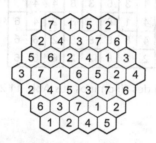

Abb. A.18 Lösung des Hexagonal-Rätsels aus Abb. 10.9 in Kap. 10

2	4	3	5	
4	5	3		1
			2	4
5	1	2	4	3
1	3	5	4	2
3	2	1		5

Abb. A.19 Lösung des Schrulligen Quadrats aus Abb. 10.10 in Kap. 10

```
      5   1   9   5
  +   5   8   9   7
  ─────────────────
  1   1   0   9   2
```

Abb. A.20   Lösung des Symbolrechnens aus Abb. 10.11 in Kap. 10

3	3	6	3	3	3	1	3
3	6	6	4	4	4	3	3
1	3	6	4	5	5	5	5
4	3	6	3	5	4	3	3
4	3	6	3	8	4	4	3
4	1	8	3	8	2	4	6
4	8	8	8	8	2	6	6
2	2	8	2	2	6	6	6

Abb. A.21   Lösung des Fillominos aus Abb. 11.2 in Kap. 10

Literatur

Althöfer, I.: Das Dreihirn-Konzept. ComputerSchach&Spiele Dezember 1985, 20–22 (1985)

Althöfer, I.: A symbiosis of man and machine beats Grandmaster Timoshchenko. ICCA Journal **20**, 40–47 (1997)

Althöfer, I.: 13 Jahre 3-Hirn – meine Schach-Experimente mit Mensch-Maschine-Kombinationen. 3-Hirn-Verlag, Lage (1998)

Althöfer, I.: Clobber – a new game with very simple rules. International Computer Chess Association Journal **25**, 123–125 (2002)

Behre, J., Voigt, R., Althöfer, I., Schuster, S.: On the evolutionary significance of the size and planarity of the proline ring. Naturwissenschaften **99**, 789–799 (2012)

Bouton, C.L.: Nim, a game with a complete mathematical theory. Annals of Mathematics **2**(3), 35–39 (1901–1902)

Brügmann, B.: Monte Carlo Go, Technischer Report, 1993 (1993). unveröffentlicht. http://www.althofer.de/Bruegmann-MonteCarloGo.pdf

ChessBase. Tatort Toilette. Online verfügbar unter http://de.chessbase.com/post/tatort-toilette

Kaffka, K.: Zuordnungen zwischen Nullstellen und kritischen Punkten von Polynomen. Diplomarbeit, FSU Jena, Fakultät für Mathematik und Informatik (2012). http://www.althofer.de/diplomarbeit-kaffka.pdf

Lasker, E.: Brettspiele der Völker. Scherl, Berlin (1931)

Munzert, R.: Schachpsychologie. Beyer-Verlag, Hollfeld (1998)

Rahman, Q.I., Schmeisser, G.: Analytic Theory of Polynomials. Oxford University Press, Oxford (2002)

Rüdinger, A.: Strengthening the Gauss-Lucas Theorem for Polynomials with Zeros in the Interior of the Convex Hull, arXiv (2014). http://arxiv.org/abs/1405.0689

Zermelo, E.: Über eine Anwendung der Mengenlehre auf die Theorie des Schachspiels. Proceedings of the Fifth International Congress of Mathematicians. Cambridge University Press, Cambridge, S. 501–504 (1913)